樂觀創新
創造財富靠自己

徐世明——著

摩根家族32堂財富課

開始經營事業時，一定要有大膽周全的計畫，
而且要強而有力地實行。

用一個觀念武裝自己，
面對事業的變幻無常，你必須做最壞的打算。

序言

成功學的精神之源

康貽祥

本書是華爾街的金元帝國、世界企業巨擘——摩根家族的成功者——約翰・皮爾龐特・摩根給兒子小約翰・皮爾龐特・摩根的信。它本來是不願公開的私人信箚，是遺囑形式的貴重藏品，並且「透露了太多的摩根家族創造財富的秘密和人生智慧，是培養偉大企業家無可比擬的教材……」，所以在這些信箚被外界獲悉之後，引起出版界的廣泛關注，多年來一直強烈要求出版，但都被一一回絕。

直到九〇年代末期，爲了紀念摩根家族的的開創者邁爾斯・摩根一六三六年登上美洲大陸，摩根家族的繼承者查理斯・摩根才答應付梓刊印。諸多企業都把他作爲教育員工的範本，人手一冊，案頭必備，它的價值就如亨利・斯塔傑所說：「比摩根家族富可敵國的全部財富更加寶貴。」

成功學導師拿破崙・希爾的著作，激勵了全世界千千萬萬的人，造就了爲數眾多的企業富豪。然而鮮爲人知的是：他的許多思想，都是從摩根的精神中的得來的。他是最早看過摩根家書的人，他對摩根家信的價值—亦即家書子女的教育意義上，作了極高的評價。他在

《思考致富》「書信激勵」一節中提到：「倘若寫信人想收到收信人的回信而沒有得到時，他就能像廣告專家那樣運用一種誘餌。金融家摩根就曾經這樣做過。」兒子是父親精神的傳承者，希望子女能成大器是所有父母的共同願望，也只有父母對子女的愛才是最無私、最偉大的。十六世紀的詩人喬治・哈伯特曾說過：「一個父親勝過百個教師。」這句話不是沒有原因的。

小摩根要繼承家族的事業，老摩根希望他不斷的學習，培養企業家的能力和精神。所以語重心長地從生活、工作，從立身、處世、爲人、致學、管理、經營等多方面，對兒子進行循循善誘和教育。這些教導是透過書信形式完成的，讀過它的人都不得不認爲它的價值，「不只能培養像富蘭克林一樣，擁有金錢與榮譽雙重收穫的人，而且是培養成功企業家的偉大著作」，對美國的繁榮富強，具有「無可比擬的意義」。

弗蘭西斯・培根曾說：「人類的命運，操縱在自己的手裏。」我們都渴望成功，希望做一番大事業，這就需要智慧的指引。那麼就從本書開始吧！它將告訴你所有邁向成功的方法和技巧，幫助你打開自己的智慧之門，使你開創輝煌的人生！

Contents

Contents

Contents

Contents

Contents

Contents

Contents

Contents

Contents

1 迎接挑戰

人生的第一步不僅需要勇氣，而且要謙虛。初入公司必須多聽少說。言多必失，與其自行暴露缺點，倒不如謹慎擇言，因為人們往往欣賞知識豐富卻不吹噓的人。

親愛的小約翰：

聽著，孩子，我有很多話要對你說。並且，我現在對你所要說的和從前的教育有所不同。因爲，從現在開始，你已經不是小孩子了。你即將進入這個五光十色的社會大家庭，你將和我一起在這個看不見硝煙的戰場上迎接挑戰。如此，你不只是我的孩子，更重要的是我的戰友、我的同事。

今天是你一生中重要的一天。你二十年的學校生活已經結束，我相信你已經學到了不少的理論知識，你可以正式投入到現實社會的工作行列中了，你應該感到非常高興。

雖然也有許多人並不喜歡工作，那是因爲工作使他們聯想到：早上必須早早起床，反複做些無聊的工作，使他們失去了娛樂時間，甚至於引起他們的身體疾病；另外，卻有些人急於投入工作中，因爲工作可以幫助他們實現自己的理想和抱負，於是他們希望透過工作和努力，發揮自己的才能。我希望你屬於後者，更希望你不只繼承我們家族富可敵國的財富，並且創造更多的奇蹟。

孩子，在你進入社會之前，我對你的教育也許嚴厲了一些，剝奪了你的很多娛樂時間，可是，你是知道的，那是爲了讓你接受更多的正式教育。現在，你精神構造方面的骨架已經成熟，你要將過去長年努力的成果，運用到競爭殘酷的眞實社會中，藉以維持你的生計，確保你的地位，然後進行更大的發展。關於這點，你可以說是處於相當有利的地位，因爲你很明白即將接觸的事務，你渴望成爲優秀的企業家。

但有許多年輕人卻沒有你幸運，他們爲了生活、爲了生存而掙扎，他們不知道自己的目標在哪裡；也有的人雖然選擇了目標，可是卻無法進入追求目標的行列中。你想過爲什麼嗎?你和他們不同的是，你有一個像我一樣的父親，我可以把我多年在企業界的經驗和心得，無私地告訴你，把我總結的我們祖先——從邁爾斯·摩根一六三六年登上美洲大陸務農開始，經過歷代的刻苦經營和創造，到發展地產、金融所有的成功經驗，都傳授給你，希望你繼承我們摩根家族的傳統和事業。你想，你是否比他們幸運得多？你有目標，也有工作，這就是好的開始。

這就要求從你正式踏入公司的第一天開始，必須每天準時上班，勤懇工作，先在基層磨練，以瞭解和學習企業運轉的每個環節。保持工作的紀律性很重要，試想一個連準時上班都無法做到的人，又怎麼能擔負重任呢？我們企業上班的時間都是一定的，下班時間則視各人的工作需要而定，具體時間由自己的工作需要來權衡。通常情況，有些公司上班的時間並沒有硬性規定，如果不能接受我們公司必須準時上班的人，可以試試那些公司。我不希望跟你約好七點見面，到了八點鐘，你才姍姍而來，就算你是屬於管理階層，也一樣必須準時上班。

在工作中，你應該常常接近那些長年爲公司發展盡心盡力的同事們。我想你一定謙虛地想吸收他們的經驗與管理知識吧！在這個階段，如果你想要有所改革的話，不要操之過急，因爲時機還未到。如果你對目前的做法有任何改變的意見（當然是指更好的方法），儘管提出問題無妨。但是，必須注意，在進行時不要太過嚴格。成功者不是守株待兔的人，成功者往往是一面學習、一面等待適當時機的人。也就是將計畫思索多次，考慮各種可能發生的情況後，就能夠得出一個比較周全的計畫的人。

倘若你眞的確定公司的政策有改變的必要時，也不要急於求成（當然，緊急時則另當別論）。雖然有時候，一個企業的決策者要雷厲風行、速戰速決，但是，要根據情況而定，尚未嘗試過的生意，還是必須經過一段時間的仔細研究，基礎穩固才能進行。

你在學校學到的理論知識，可以給你的工作以指導，但眞正的工作要靠實踐。在公司的工作過程裏，只要你謙虛學習，你就一定能接受到優秀的指導，我想你應該由銷售部門開始學習，等你有了相當瞭解之後，我會安排你和客戶見面，讓你瞭解自己並且發揮推銷能力。這些客戶與公司交往的時間都比你的年齡還要大，從他們那裏，你可以知道一些他們對公司的看法和觀點，增加你對公司的認識。還要提醒你的是，在你跟客戶握手之前，必須盡可能的事先瞭解對方，從客戶的立場來說，第一印象非常重要，他只會給你一次機會。所以一開始你就必須先下點工夫，給對方留下一個好印象。否則，往後你得花費一兩年或更多的時間，才能重新抓住客戶的心，那麼你出發的腳步就不得不慢下來了。

你初入公司，必須記住多聽少說。如果你想成爲一個善談的人，要從先學會做一個善於傾聽的人開始。你要學會鼓勵別人多談他們自己，聽取他們的建議，從而才能更客觀的看待問題，作出正確的決策。過去，當我決定採用一個推銷員時，我會挑兩三個客戶做一番試驗，如果有一個客戶批評「話太多」時，我就絕對不會錄用這個人。其實，這個理由很簡單：言多必失，與其自行暴露缺點，倒不如認眞擇言，因爲人們往往欣賞知識豐富卻不吹噓的人。我們的客戶尤其如此。

在你與客戶接洽時，要有萬全的準備。必須攜帶公司完備的資料，同時，在心中不斷的告訴自己，我們所競爭的同業更優秀，更能爲客戶提供滿意的服務。這就要求你具有充分的勇氣和自信，這樣，你就能在客戶面前娓娓而談，贏得別人的好感，更能順利的完成工作。但是，你必須注意的是：不要誇大其辭的談吐，不要和別人搶著說話。要尊重對方，等他把話說完，你再提出自己的觀點。推銷服務固然是工作的重點，但切切不可忘記：確實的售後服務才是更重要的，如果因爲服務不周，客戶對我們有怨言，並且棄我們而去，使我們要不斷尋找新客戶，這樣一來，便毫無效率可言了。雖然找尋新客戶也是我們不可或缺的行動，但在損益表上卻無法見到多少餘額。所以在開發新客戶的同時，也必須注重售後服務，如此才能確保公司的發展及茁壯成長。

服務是企業的生命，只有良好的服務，才使企業更有競爭力。所以要努力於客戶的售後服務，同時，你也必須與原料供應商方面維持良好的關係。有些原料供應商目睹我們的售後服務後，在羨慕我們的工作效率之餘，即使碰到有其他的同行以降價引誘，或以暴力威脅，他們依舊不變地供應我們原料，沒有中斷。當然，我也希望客戶以同樣的態度支持我們。

你要把剛開始工作的階段作爲鍛煉和實習，不要妄斷妄行。在這段期間，你應該儘量小心，但是也不要緊張到草木皆兵的地步。你要注意觀察每一個新進職員，就像觀察學校的新生一樣。同時，注意別人也在戴著有色眼鏡看你，一個小小的過失，就會給人深刻的印象。所以，你必須注意你的言行舉止。也許這番話會使你害怕，但是也不必太過擔心，因爲「羅馬不是一天造成的」。況且，我寫這封信的目的是給你個建議。另外，也是將工作與趣的追求做個簡單的敘述。

你所受的教育，可以清楚知道你的目標是成爲一名優秀的企業家，換句話說，你對本公司的工作具有相當的適應性。在過去二十年，我觀察你成長的過程，發現你凡事不會太過強求，是個有彈性的人。但是，你是否能夠發現工作的樂趣，就要看你自己了。

人的進步是靠不斷的學習，不進則退。你具有理想、自主、責任感，這會使你的工作成爲生活中的快樂。但是，你也不要忘記，競爭是多方面的，三十年後的企業界巨人，也在這個時候與你一同進入眞實社會，投入企業之爭。

最後，我還想再說一句，未來企業界的巨人，絕不是出了社會後，便不再鞭策自己努力用功的人。他們只不過是將用功的時間改變，在平常生活中加入適當的娛樂調劑，夜晚及週末也成爲他們用功的時間，就是這樣。

由於企業的大小事都要我去拿主意，我沒更多的時間陪你，要靠你自己去不斷學習積累。每個做父親的都希望自己的兒子能成大器，我也一樣。十六世紀的詩人喬治・哈伯特（George Herbert）曾說：「一個父親勝過百個教師。」這句話不是沒有原因的。

爲了獲得生活的食糧，歡迎你來到眞實的社會。一年之後，我希望你用最好的成績向我彙報。成績回饋的作用不容忽視，然而任何事情都是複雜的，我們並不排除失敗的回饋作用。是的，失敗會使人喪失鬥志，但對一個信念堅定的人來說，失敗則往往能激起更大的鬥志。當然，這種激勵建立在失敗所造成的代價之上，管理者只能利用失敗，而絕不應有意製造失敗。所以，勇敢地去迎接挑戰吧！

你的父親

約翰・皮爾龐特・摩根

2 成為被需要的人

「主管」不在時，仍然照常執勤的人，如果把任務交給他，他會默默接受，不會問愚蠢的問題。這種人不會被解雇，他也不會乘機要求加薪，文明正是這種人創造的。

親愛的小約翰：

讀書就要善於從書中汲取營養，書籍是前人智慧的結晶，它可以使你少走彎路。你要多讀書、讀好書。有一本書我很喜歡，想介紹給你，即《致加西亞的信》。這本書雖然字數不多，但裏面卻包含有太多重要的啓示，給人以力量，它因此曾經在軍隊中廣泛傳閱。到目前爲止，這本書已經翻譯成多國文字。

我相信這本書對你也很有意義。每次提起這本書，總會讓我想到書中那位了不起的人物——羅文。

書中記載了這樣一個故事：

當美西戰爭爆發時，聯邦政府總統必須與古巴革命的領導者——加西亞立刻取得聯繫。但是他藏身在古巴山區的某個要塞裏，沒有人知道正確的地點，也不可能用郵件或者電報傳達消息。但總統需要得到他的協助，而且是十萬火急。

在這樣的緊急情況下，要怎樣做呢？有個人告訴總統：「如果說還有人能夠找到加西亞的話，那麼一定是羅文！」

於是，羅文被召來，總統交付給他一封致加西亞的信函。那個名叫「羅文」的男人接過那封信，用油布袋封好，然後塞進上衣左胸的裏側，自始至終一句話也沒說。四天後，他趁著夜色搭小船抵達古巴海岸，消失在叢林裏。他徒步穿越敵國，成功地送達了那封信，三個星期後又在另一端的海岸出現。

這個故事我沒必要再多說了，我要強調的是，當總統把那封信交給羅文時，羅文就接受了它，不曾問一句：「他在哪裡？」

我希望你向優秀的榜樣學習，像羅文一樣，具有堅忍不拔的精神，爲了自己的目標，克服一切困難，勇往直前。因爲就是這種人才能成功，成爲受人敬仰的人。我們應該爲他塑造銅像，置放在每一所大學的校園裏，讓他成爲學子們的榜樣。對於一個年輕人而言，他所需要的，除了必備的課本知識之外，就是勇往直前的精神和責任感，惟有如此，才會像羅文一樣迅速地行動起來完成任務，才能把致加西亞的信送達。

只要你擁有最起碼的想像力，能清晰地描繪出自己的未來，並且甜蜜地憧憬它。一旦這樣一幅美麗的藍圖，生動地被當作你「專心」的主要目標，像羅文一樣爲之不懈奮鬥，那麼，結果將令你難以想像。

在生活中，大部分的人都是粗心、愚昧、散漫，除非利用強迫的方式或金錢收買，他才會爲你做事。或者，受到老天爺的眷顧，恩賜你一個天使助手，否則誰都沒有成功的希望。如果有人需要眾多的人手才能完成大事，一定會對人類的無能感到驚愕，因爲他的人手總是不能一心一德，也沒有完成大事的能力和希望。但我想你絕不是這樣的人，你從小表現出來的品質，就是一個有獨立精神的人，我相信在生活和工作中，將把你磨練得更優秀。

爲此，你不妨試試看，你現在在辦公室叫幾位職員來，隨便指定其中一位，拜託他：「麻煩你去查一下百科全書，給我一份有關科爾頓的簡單介紹。」

你認爲那位職員會回答：「好的。」然後便開始行動了嗎？我想一定不會！他一定會一臉吃驚地問一兩個諸如此類的問題：

科爾頓是誰？

您說的是哪一種百科全書？

百科全書放在哪裡？

這事叫查理去做行嗎？

他是什麼時代的人呀？

這件事很著急嗎？

我找到那本書，你自己看好嗎？

你想知道他哪些方面的情況呢？

當你回答完這些問題後，那個職員十之八九又一定會去找別的同事幫忙，讓別人替他尋找科爾頓的資料。要不然就是回來告訴你，找不到那個科爾頓。或許我的預料有錯，不過依照經驗法則，我可能不會錯的。

如果你更賢明，特別告訴你的屬下，科爾頓的首字母是K而不是C，倒不如跟他說：「算了，我自己來找吧！」由於這種常見的欠缺自主行動、愚昧、軟弱的意志、不痛快的接受，所以眞正的「羅文」一直不能出現。一個自私自利的人，能希望他爲全體員工的福利，付出更多努力嗎？

也許你需要一位有力的助手，來替你執行更嚴厲的工作。因爲常常需要在週末加班到晚上，你那位或許是副董事長充當的助手，用手上的木棍不僅能驅除夜魔，還能讓員工老老實實地加班。如果登一篇廣告，徵求打字員，十個應徵者中，會有八九位不知道如何分段，也不會打上句點，而且他們還根本不覺得那有什麼重要。

有位工廠的廠長告訴我：「你的那位出納呀……」

「他怎麼了？」

「他是蠻有才能的，只是他不常離開公司，到工廠的途中就進了四家咖啡廳問路，光注意找街名，卻忘了爲什麼事而來。」

這種人，你能託付他什麼呢？

爲了讓散漫、不負責任的員工好好地工作，老闆必須以身作則、默默奮鬥直到老死。爲了得到「得力的助手」，他必須彎腰駝背、繼續忍耐。對這種老闆，我無話可說。任何公司，任何工廠，淘汰那些沒用的員工是例行工作，老闆必須不停地解雇那些沒有才能的員工，然後再雇用新人。我曾經聽到一些傷感的同情心聲，「被虐待、被剝削的勞工」，或是「無依無靠的人呀！找一份正經的工作吧！」這樣的話，都是針對老闆而發的。

經濟景氣的時候，這種取捨工作都將一直持續，在不景氣的時候，態度更應加強，無能的人只能捲舖蓋走路，這是「適者生存」的道理。因爲每一個老闆總是希望留下最卓越的人才，替他「送信給加西亞」。

一個人如果對自己所希望的東西，能夠有意識地作出反應的話，當環境暗示、自我暗示或自動暗示使他發出下意識的心理力量時，內在驅動會促使他採取行動，積極地去面對工作。

有一個人，他具備非常優秀的資質，卻沒有爲自己創造事業的能力，而且也不願意幫助別人，他往往是很自私的人。他總是抱著不正常的猜疑心，以爲老闆對他施加壓迫，或者正要施加。他不會下命令，也不準備受別人的命令，如果你託他「送信給加西亞」，他或許會說：「你自己去吧！」

當時，這個人在街上尋找新職，他一家家公司求職，卻四處碰壁。知道他的人不會雇用他，因爲他常常煽動其他職員的不滿情緒。而且，他還不講道理，如果要讓他對你有印象，除非用高跟的馬靴狠狠地踢他一腳。

這種性格異常的人是不合群的，我們應該憐憫他嗎？但我們不是更應該同情那些努力經營大事業、下班鈴響了卻還沒有休息的人嗎？何況他們還必須領導一群無所事事、一無是處、不知感恩圖報的員工。如果沒有他們的事業，這些員工也將會餓肚子，無家可歸！

成功不會是偶然的，我欣賞的是積極向上的人。也許你會認爲我說的太過分了，也許是這樣！但是面對貧民化的人類，我只想表達對成功者的同情。這些勇敢地挑起沒有希望的生活重擔的人，督促每個人努力，雖然取得勝利，他們得到的不過是房子和衣服而已。

像我就每天帶著便當上班，做我份內的工作。我認爲創造財富才是最光榮和有意義的事。貧窮這個東西並沒有任何好處，衣衫襤褸不值得稱讚，而且所有貧困的人，不能都說成是高風亮節，所有的老闆也不全是勢利鬼。貧困不但讓我們無法滿足生活上的需要，無法幫助我們的親人和朋友離開苦難，還剝奪了我們樂善好施的品質。

所以，我最欣賞那些主管不在時仍然照常勤懇工作的人。這樣的人如果把任務交給他，他會默默接受，而不會問愚蠢的問題。這種人不但不會被解雇，反而會有更好的發展。同時他也不會乘機要求加薪，文明正是這種人創造的。

這種人的願望都會被人接受，無論在都市、在鄉村，他都是被需要的人。也不論是哪一家公司、商店或工廠，世界上每天都有人在尋找這種人。我希望你發揮自己的能力，力爭上游，成爲被需要的人。

你的父親

約翰・皮爾龐特・摩根

3 企業家的資質

> 企業家應具有獨立的精神、樂觀的個性、彈性的思想，以興奮、緊張、競爭為其生活食糧，即使被人打倒在地，也必然會勇敢地站起來再次戰鬥。

親愛的小約翰：

前不久我們曾有過一段極有趣的談話，現在想起來意猶未盡。現在我還想和你再探討這個問題。也就是上個星期，我們在紐約參加丹尼爾的晚餐前，曾有過的那段極有趣的談話。其中你對企業家的種種疑問都很有道理，也極難給予一個適當的答覆。下面我想告訴你我一個企業家的朋友的故事：

說起我和他們的接觸，可以追溯到我辭去普萊斯．瓦特豪斯公司會計師一職的前幾年。當時是因爲妻子介紹，我才認識了約翰．伯特先生，那時他已經五十歲，而我二十八歲。在我尚未認識他前，早已在幾次社交場合中，被他個人的魅力吸引住，因爲他擁有企業家的頭腦。

有的人只在他需要錢的時候才工作，約翰．伯特即是如此。但是，他有豐富的知識和智慧，他全力開發他的腦力，創造出新的產品，同時也會提出新的廣告宣傳方式。當我與他認識時，正是他一生中某個暫時引退的階段，那時他手上的金錢已略顯不足。

當我決定見識企業界另一個鮮爲人知的面貌時，並不只是看其結果，更要以行銷的眼光觀察。所以在我認識他的時候，我便抓住機會打聽出他下次出擊的時機，並進一步參與，而他也答應了。或許他眞的是喜歡我茶褐色的眼睛以及吸引人的笑臉吧！要不然我實在找不出其他原因，讓他接受一個經驗不足的年輕人。因爲當時圍繞在他身邊還有好些才智不錯的年輕人，也許他認爲我更適合他，從而選擇了我。

約翰就是這樣，他對任何一件事都不會疏忽，一切都在他的眼底。我第一次見識到他稀有罕見的洞察力，是在某天早晨，我與他在蒙特婁繁華區的一家餐廳裏進早餐時，窗外的人們正趕著上班，有的人邁開大步急走，有的則擠在小小的公車中。約翰總是善於觀察，看到擁擠的上班族，他對我說：「人們總是一邊忙著工作，等到發薪時，一邊又會為找尋花錢的場所而到處奔波。假如我們能為他們提供更舒適的服務或改良的產品，我們就會做出一定的事業。也就是說，我們必須發明金錢的另一種用途。」他的這些話對我影響很大。事業成功之門，是為那些努力提供更好的商品以及服務的人們敞開，即使是件小東西也無所謂。

正因為如此，我正式踏入一個「創造財富」的世界——企業界。幾年以後，約翰去逝時，我不但鍛煉成熟，而且獲得一個企業家所必須擁有的基本條件。我與他一同開創的企業，在他去逝後，便由他的繼承人繼承，而當時的我已有能力將這個企業完全購買，並且繼續經營。我並不是個反應快速的人，也不是在同年齡企業家當中最出類拔萃的人。但是，從約翰那兒，經過他獨特的腦力啓發，加上我自己的努力，我才能擁有這份小小的企業。

我為了取得會計師的執照，努力了十年，而後卻放棄前途在望的資歷，轉而投入當年年收入僅十四萬美元的約翰．伯特公司。在當時有許多人對我這項決定頻頻搖頭，這些情景仍歷歷在目，尤其當時幾家大規模的公司，聘請我擔任會計審查的工作，我的拒絕，在他們看來，著實是個瘋狂的舉動。而今，伯特公司的年營業額已經達到二千五百萬美元。由此可以看出我當年的選擇並沒有錯。

你知道嗎？「企業家（entrepreneur）」，有著「企圖完成什麼」的意味，是由法文的「enrte-prendre」演變而來的。在牛津辭典中則指明其爲「勞動階層與資本階層的仲介者」。所以，要成爲眞正的企業家，從另一方面來說，就是意味著要不停的去創造。

企業家必須具有偉大的想像力，對於任何事件，他都能夠找出答案，在他的字典中沒有不能解決的問題，也沒有不能實行的事業，他的思考結果往往是別出心裁的，即使是面對相同的事件，也能有新的方法完成。這種避免落入企業界標準思考模式的本性，就是成功的主因。

要勇敢地面對一個新事物。作爲企業家，要敢於作新的嘗試，不要害怕失敗。如果凡事都只想到失敗，或只想到必須成功，沒有正確的思想準備，都是不好的。世界上比我們偉大的人很多，如果總是害怕技不如人，不敢去競爭、去面對失敗，那這世界就不會如此豐富多彩了。

企業家同時也是個偉大的人性觀察者。你要注意觀察和發現，你想，速食連鎖業的成功，也只不過是將小小的漢堡商品化而已！百貨連鎖業的成功，也是把小小的雜貨店經營的範圍擴大得更廣嗎？

平時你要多自己動腦和參考別人的思想，企業家所運用的策略，有許多並不是他本身的構想。在這個世界上，聰明之士不少，擁有絕妙主意的人也多得讓人吃驚，但能將其商品化的人卻是極少數。可是，企業家就應該具有這樣的能力，從構想萌芽的階段到向消費者介紹的階段，在極短的時間內完成。他們之所以能做得如此快速，那是因爲企業家們喜歡自我創業的緣故。

對一個優秀的企業家而言，行銷委員會、商業幕僚、顧問團，這些講究理論者，都沒有存在的必要。當然，像將石油公司從倒閉危機中重整旗鼓的洛克菲勒，這種超級的經營者則另當別論。大公司中必然有許多企業家，但有更多的企業家不爲人所知，他們僅僅努力於埋頭做好自己應該做的工作，也就是爲自己的事業默默奮鬥。

有許多人擁有特殊的點子，但卻無法使之成爲賺錢的事業。下面有個我常說給別人聽的故事，也是一個很好的例子，相信你一定很有興趣：

有個老人，在紐約的郊區經營一家熱狗店。生意出奇的好，老人熱狗的名聲早已傳遍很遠的地方。老人豎立「全國第一熱狗」的廣告看板，遠在幾里外便能看到，因而吸引了來往車輛的注意，紛紛來到這兒，想要嘗嘗「全國第一」的熱狗。當顧客來到時，這位老人必然站在門口迎接他們，老人微笑的臉龐，熱情的招呼，一句「不要說你只要一個，嘗嘗兩個吧！這眞是相當可口美味的食物噢！」，往往使顧客食指大動，不得不贊同老人的意見。

剛出爐的金黃色麵包，加入香脆的泡菜，風味絕妙的芥末，煮得恰到好處的洋蔥，再由滿臉親切笑容的服務生奉上，顧客們每每舔著嘴唇說：「我從來不知道熱狗竟會這麼好吃！」當顧客離開時，老人又送他們來到車前，並向他們揮手致意：「請你們再度光臨，我的熱狗需要你們的支援，在店內服務的年輕人也必須賺取他們的大學學費。」如此親切的服務，使得顧客頻頻光臨，並介紹許多顧客遠道而來。

老人有一個在哈佛大學學習管理學的兒子，有一天，他兒子以經濟學博士的資格回來看望父親。兒子看了父親的經營方式後，便提出他的意見：「父親，這是怎麼回事？難道您不知道現在正值經濟衰退時期嗎？現在我們要做的是削減成本，不必再豎立廣告招牌了，可以節省宣傳費用。雇用兩個人就可以了，如此便減少四個人的人事開銷。爸爸您也不要再站在道路兩旁浪費時間，應該在後頭調理作料。另外，請供應商供應我們便宜的麵包和熱狗就好了，泡菜也不需要用這麼好的原料製作，至於洋蔥則可以不要。您知道嗎？爲了度過這段不景氣時期，就必須削減一些經費。」

這位父親相當感謝兒子的建議，因爲有個學歷這麼高的兒子著實不容易，對他的意見也絲毫不曾懷疑過正確與否。廣告看板被卸下來了，老人也一直在廚房中料理那些便宜的作料，只留下一個服務生在外頭招呼。

幾個月後，兒子再次回來，並詢問生意如何。父親望望以往絡繹不絕停下車的前庭，再看看道路上疾駛而過的車輛，以及空曠的店面，對兒子說：「你說得對，現在經濟眞是不景氣！」

透過上面的故事，不知道你是否領悟了什麼？我相信你一定可以瞭解到：這個老人本身就是個企業家，但是他的才能卻有個界限。

信念是成功的基石，作爲企業家，要有堅定的信念。因爲不管是偉人還是凡人，都會表現出消極與積極的情緒。作爲成功的企業家，他不只要克服自卑、超越自卑，並且要有堅定的信念，能合理地調節心理承受力，在壓力下把事情做好。

在實踐中，他還非常瞭解客戶的要求，也具有企業家最基本的資質，惟一缺乏的是堅持自己信念的勇氣。如果你堅持自己的信念，相信誰也無法動搖你的事業。企業家必須具有確實追求成功的執著與堅持的性格才行。否則就會像我說的那位老人一樣，沒有自信而失敗。

同時，企業家的直覺也很重要。企業家在決定方針時，倘若沒有一個依據，就只能憑著本身的直覺了。但是，這種直覺只能限於某個特定的領域，例如爲了抓住消費者的心而選擇的商品包裝。廣告媒體、行銷路線等等，都可以利用本身的感覺。

但是，企業家絕對不會忘記廣告回函以及直銷策略的效果，因爲這些方法也造就了好些百萬富翁。像擁有石油帝國的洛克菲勒一樣。在銷售商品時，作爲企業的決策者，也需要行銷部門有效地支援，但是卻不像其他呈休眠狀態的公司，消極被動地等待客戶上門，而是以別出心裁的方式進軍市場，以確保成功。

在試銷時期，企業家往往會前往試銷市場，看看自己的新產品或服務帶給顧客什麼樣的反應，不論是肯定抑或否定，他都希望能直接得知，甚至還有人將顧客的反應錄音下來，以便作個徹底研究，這與運動比賽時的錄影有諸多相同之處，在邊聽邊看的過程中求進步。企業家固然觀察敏銳，但也無法通曉所有的知識，只有得知客戶的反應，才是眞正重要的。若一味逃避反對的聲浪，是件相當愚蠢的事，這些經驗也是企業家經由多年的辛苦、失敗的教訓中學習而來的，雖然企業家必須具有堅強的意志，但也應該有個彈性的商業頭腦，這些組合，是一個成功企業家不可欠缺的條件。

企業家還要具有衡量自我危險的特殊能力。成功的企業家是具備一定的冒險精神的，那是因爲他們的本能告訴他們，很多生意往往都伴隨著高度的危險性。事實上，很多人也很瞭解，無論經過怎樣的精密設計，也可能會遭遇到失敗，但企業家卻無視這種危險，繼續進行他的探索、實驗。企業家以興奮、緊張、競爭爲其生活食糧，等克服種種困難後，僅以幾分鐘的時間品嘗勝利的果實，然後又一頭栽進另一個全新的項目上。

企業家在分析新計畫的危險性時，會呈現出超出常人的頭腦。他能發現容易產生問題的部位，並將所有的力量集中在這一地區，倘若有適合的人或公司能夠做有效的支援時，他會排除萬難，取得資助，將危險性降至最低。如果在計畫實施過程中遇到瓶頸，一時無法解決。他也能提供一個新方法取代，這是毫無疑問的。

他不斷地在做可行的計畫，「不爲打翻的牛奶哭泣」，總會有更多的地方可以去奮鬥、去嘗試，我們要爲事情的發展準備很多可能或考慮更多的計畫。一旦這個計畫失敗了，馬上可以進行另一個新計畫，才不會有斷炊之虞，也可確保資金的安全。他會極力避免倒閉、破產，抑或上法庭等情形發生，他絕不允許自己再回到以往粗茶淡飯、爲一日三餐而憂慮的日子，所以必須事事小心、警惕自己。

亞里斯多德說過：「失敗之路比比皆是，成功之道卻只有一條……」企業家如何實現他們的理想呢？方法有許多，他們能夠正確地判斷某個計畫所投資的資金該有多少，若是這份資金超過自己所能負擔的數目，成功率不大時，他們多會由以下三種行動中選擇一項：一、也許他會要求大家投資；二、籌措一些資金，甚至運用專門技術知識；三、如果有人回應，他就會率直地將構想賣給其他人，倘若無人反應，他會乾脆放棄這個計畫。所以，企業家必須具有相當準備的決策判斷能力才行。

並不是所有的企業家都能夠成功，有些企業家的典型特質，爲企業的發展導致了不利因素，有些企業家急於獲得成功，快速地進行計量的設計。但是，欲速則不達，有時候由於行動太過急躁，反倒造成服務或商品品質有所差失，抑或疏忽了商標的確立，觸犯了政府的法令，因而導致失敗。這些人由於沒有充分的資金，銀行也不願貸款給他們，更沒有友人願意支援他，這樣一來，他極難再有翻身之日。

成功的企業家與成功的實業家之間的差別微乎其微。兩者雖然大致相同，但企業家的性格中，有著顯著的激進、冒險以及大膽等特徵，而且不會固執於過去的經營方式。兩者同樣必須瞭解顧客的要求以及市場的傾向。你要常常接觸市場，做正確的評估，勝利便在望了。

冒險能夠滿足企業家的自尊心，但若違反時代的潮流便會導致危險。一位被喻爲眞正企業家的人，絕不會因爲遭遇困難而埋怨周圍的狀況，他也很容易將以往的失敗忘記，繼續滿足新的冒險欲望。成功了，也只不過是得意幾分鐘而已，而失敗卻只是短暫的哀歎，這才是一個眞正企業家的可愛之處。

企業家的個性也非常重要。在工作上、生活上，企業家一向只走自己的路，做自己喜歡的事。就如我最尊敬的企業家克勞多・霍布金斯，曾經將他自己的孤獨癖好精闢道出：

我經歷過比資金、事業更重大的緊急事件。每當這些事情發生時，常常就只有我獨自一人面對嚴重的事態。此時必須由我自己下個決斷，這個決斷往往會遭受眾人的反對。在此之前，我曾做過多次的嘗試，但每每為友人嘲笑和指責。無論是幸福、金錢、滿足感，甚至最大的勝利，幾乎都是沐浴在全世界的冷嘲熱諷下獲得的。我曾經為了這個現象，嘗試找尋一個合理的解釋。我發現一個總被別人說好的人，往往並不是個成功者，因為一個眞正達成目標的人，眞正獲得幸福的人，甚至眞正擁有滿足的人，在這個社會中極少出現。由此看來，有關自己一生的問題，眞需要交由社會大眾去決定嗎？

克勞多．霍布金斯在他一生中幾次偉大的行動，皆是在眾友人嘲笑及反對中完成的。詩人威爾吉魯斯曾說：「命運幫助勇敢者。」人人都希望自己擁有財富和勇氣，其中，財富可以任意使用，但勇氣卻不能，因為英雄式的投資者，往往會招致破產的下場。所以，謹慎運用你的才能吧！

還記得下面這首詩嗎？這首詩中充滿了企業家所應具有的勇氣，是我在好幾年前收藏起來的。

人們都在埋頭奮鬥
而我　更仰望天空
那裏　有我的憧憬與夢想
目標彷彿遙不可及
可是　我相信
總有一天我會到達理想的殿堂

我爲我的目標努力和思考
並積極行動
再寒冷的冬天
也無法阻撓梅花的開放

因爲我堅信
人生要面臨眾多的困難

我會一一解決
再大的艱難
我也毫不退縮和頹廢
我要創造不可能的奇跡
我要超越我偉大的先輩

在思想的王國　我是如此的高大
可是　我會腳踏實地地行走

很熟悉吧？也許你已經忘記了，這是你中學時代寫的。十二歲時的你，就具有了獨立的精神、樂觀的個性、彈性的思想。即使被人打倒在地，你也必然會勇敢地站起來再次戰鬥。對此我感到欣慰。

你的父親
約翰・皮爾龐特・摩根

4 商業的品格

> 誠實是促使成功的生命力。不誠實履行與客戶間的契約，在短時間內想獲得一大筆金錢的確容易，但從長遠看來，那真是在奠定企業失敗的基礎，永遠不可能成功。

親愛的小約翰：

困難不應該是成功的阻礙，應該是推動你前進的動力。從你的報告中我已經知道，你和客戶的契約失敗了，對此我很感到遺憾，同時，我也瞭解你對這份契約的期待和努力，費了那麼多精神卻沒有得到成功，的確令人沮喪。也許你會爲了這個原因記恨對方。但如果你這樣想的話，不但於事無補，反而使自己蒙受更大的損失，因爲這樣會使你煩惱而情緒低迷。

你千萬不可因此而消沉，甚至喪失你平時的樂觀和熱忱。

失敗並不意味著不幸，在這個現實社會中，經過一段時間的礪煉後，你就會明瞭：這個世界上能完全信賴的人眞是非常有限，在你面對其他人的時候，心中要有所戒備。要取得他人的信任，你必須運用各種知識，這些知識便是你的安全裝備。這裏所謂的安全裝備，可用各種形式來表現。

初次和陌生人打交道，要儘量多瞭解對方，探查他的背景，因爲一般人往往是依照原有的習慣行動的。不守遊戲規則的人，必定已經行騙多次，或傷害過了別人的感情。在感情上曾經被他人傷害過的人，在心中多少會留下些微的復仇心，而且這種觀念早已殘留在他的記憶中，面對這種客戶，你必須花些時間調查才行。

另外，你必須常常以個人的知識，努力地進行售後服務。從客戶的立場來講，公司對他們的影響極少，他們並不是直接與公司面對面進行商談，而是和你個人來往。假如你確實做好了售後服務，使得客戶對你產生信賴，這樣他們對公司才會有了信任，他們也才會確信契約將順利履行。可以這麼說：優秀的員工、最好的設備、有效的經營方法也是引起對方注意的方法之一。

在未來的工作中，你應該將那些你曾經有過的嘗試當做經驗。就算你以幾十年的時間彌補這樁失敗的契約吧！拿清醒的雙眼調查背後的原因，你會發現一個或兩個（也許更多個）

相同的情況。當再次發生同樣的事情時，你就能用不同的態度、方法，處理得恰到好處。一個賢明的人，從失敗中所得的教訓，必然多過於從勝利的喜悅中所得到的。

你要知道，這樁失敗並不會傷害你的品格。你也並沒有危害到個人或公司的信用，當然，假如眞有這種情形，你一定更加難過，而我也會給予你相當的懲罰，這點相信你必然明白。

你具有誠實的人格，而對方卻沒有。這種人能在企業界長期存在的可能性，我很懷疑。企業界是個相當狹窄的世界，騙了這個人後，再騙那個人，相信他的企業生命力必定不長。況且，欠缺誠實的行爲必定會招致不良的後果。所以不必去擔心他的人格，你必須注意的是你自己的品格，這才是最重要的。

誠實的人總會有誠實的回報，也許你現在或短時間看不到，但最終因自己的品質建立起來的價值，卻是無法估量的。一個誠實的人必定具有高度道德的生活態度，也就是說，這種人在日常生活中所表現出來的是認眞、正直和坦率。對企業界而言，這種品質就是促使永久性成功的生命力。不誠實履行與客戶之間的契約，在短時間內想獲得一大筆金錢的確容易，但是從長遠看來，那眞是奠定企業失敗的基礎，永遠不可能成功。想求得勝利的人，必須極力避免這種情形發生。

無論如何，絕對不要給對方一個不誠實的印象。從這次與客戶的合約來說，你的確是被人欺騙了，在你想發洩這股怨氣的同時，或許也想欺騙他們吧？這是人之常情，我並不怪你有這種想法。對於自尊心來說，用我們相同的遭遇來傷害其他人，或許是得到了補償。但如果你這樣做的話，你的損失就更大了！

其實，在這之前，你並未損失什麼，因爲那契約原本就是不存在的。如果只爲了契約失敗而生氣，甚至採取衝動的報復手段，那你不就損失更多了嗎？經過這件事，也許你認爲自己失敗了，可是，我要告訴你，「失敗」和「暫時挫折」是不同的。那種常被人們視爲是「失敗」的事情，事實上僅僅是暫時性的挫折而已。這種暫時性的挫折，會使我們重新振作起來，讓我們轉向其他方向——比以前更美好的方向前進，所以，它其實是一種幸福。

無論是暫時性的挫折還是逆境，你都要把它當作是一種教訓、一種持久性的教訓。這種教訓是不容易得來的，是除挫折以外其他方法所不能獲得的。

有了這次的經驗後，你對以後來往的客戶的人品，必定會有所注意。這不正是你這次努力的最好報酬嗎？換個角度來看，我可以就另外的觀念看看這樁事件。如果這個契約成立了，你會有什麼問題呢？能跟這種品格低下的人斷絕任何來往，不是件好事嗎？這麼看來，這個沒有簽訂的契約並不是個失敗，相反的，你應該把它當作是幸運！

你的父親
約翰·皮爾龐特·摩根

5 讀書的經濟價值

有些人看的書的確不少，但幾乎全是小說。這個世界上該學的事其實很多，有更多的事比看小說更有意義，不要把自己寶貴的時間，浪費在欣賞別人的白日夢上。

親愛的小約翰：

讀書的道理在於學習，你要「從別人的錯誤中學習，因爲你沒有時間去體會所有的過失」。從他人的經驗中學習，活用他人的優點。在處理各種事情時，也要多吸取有經驗的人的意見。

世界每時每刻都在前進和發展，但是，關於企業經營的種種決策，幾乎一直是在不斷重覆的，從書本上就能夠學習。如果你能夠花費時間和精力去讀書，比起不看書的同輩，你就能夠站在更有利的出發點上。

我們每天彷彿都在接觸到很多新的東西，但是，其實很多都是在重覆。我剛才說過，在這個世界上，新的東西並不多，我總認爲人的一生大部分都在重覆，有一本書最能證明這一點，那就是《巴德雷特的常用引句集》，這本自《聖經》中有關人生的考察，網羅了古今中外的所有思想。

在眾多的名言裏，你一定聽過霍美羅斯在西元前七百年左右說過的話：「兒子很少和父親一樣，幾乎都比父親差，青出於藍者是極少數。」中國的孔子在西元前五百年也說過：「不要和比自己差的人交朋友。」希臘的伊索在西元前五百五十年也曾說：「不知道自己無知的人，比無知者更可悲。」巴德雷特這種手記一直流傳到現在，經過好幾個世紀，傳達給我們先聖先知的思想和看法。

我們都生活在歷史的某一點上，每個人按自己的意志或方式生活著，這些名人也一樣。如果能知道這些思想家曾經有過的想法和苦惱，我們的問題就會變得微不足道。至少，借助於經驗者的觀察，我們的問題會變得易於解決。

一個人的一生裏，從讀書的影響來說，我覺得自己好像活了幾十次。這並不是我自以爲優越，而是我感覺自己更能有效地使用時間。這件事眞正的意義在於，我們生在這麼閉塞的小社會，不要期望太高，也不要拋棄希望，實際體驗外面的世界，借著書本讓自己更有智慧，爲那些無緣閱讀的人感到難過吧！對於人生你能懂得多少？又有多少人懵懂地逝去？

雖然多讀書是好事，但要有選擇的讀。有的人看的書不少，但他看的幾乎全是小說，只看小說顯然對自己的幫助並不大。小說雖然可以閒暇時間作爲消遣，但我們沒有太多閒暇的時間。他們說看小說比較輕鬆，顯然是爲了消遣。而很多人把讀書當作一件工作，奇怪的是，我在閱讀有用和專業的書時，一樣感覺到了輕鬆。這個世界上該學的事其實很多，我認爲有更多的事比看小說更有意義，我不願意把自己寶貴的時間，浪費在欣賞別人的白日夢上。

「到目前爲止，人類的知識並沒有超出人類的經驗領域。」這是約翰・羅克說過的話。對此我也有同感，同時我還有其他看法，我以爲，吸收別人的經驗能擴大自己本身的視野。亞伯拉罕・林肯渴望做總統時，有人批評他不適合做總統。但是，他卻不在乎自己貧乏的經驗，最終成爲一位堅強的總統。他肯予付出努力，我認爲成功就是理所當然的事了。我還知道這樣一項事實：當他還只有十四歲時，就把圖書館藏書全部看完了，是書本給予了林肯睿智的洞察力，讓他得以面對從未經歷過的各種世界性問題。

歷史是一本最刺激、收穫最多、最讓人快樂的故事書。它讓我們感受到富蘭克林、華盛頓等人的睿智，包括《聖經》裏的故事、中國的孔子有關社會和人的思想，以及很多精彩的英雄人物克服了無數的苦難，才走向成功的例子。和前人相比，我們大多數人的努力遠遠不夠，甚至微不足道。但是，若想繼續我們的人生之旅，就得先從跨出第一步開始。你透過看一本有價值的書，自然就會朝著正確的方向向前邁進。

我們只能憑想像來瞭解他人爲了解決問題而如何絞盡腦汁，想實際去體驗卻近乎不可能，但是書本卻能辦得到。書本使我們的心胸開闊，促使我們思考本身存在的理由，鼓勵我們嚮往美好的生活。如果稍有懈怠，它即會讓我們體悟到，我們是多麼地浪費時間。

企業家要在與別人的大同中追求與眾不同，可以說，成功者的共同特徵之一，就是敢於去嘗試「和他人不同」，去做平常很少敢去做的事。

沒有人是不犯錯誤的，聖人都承認自己會有錯，何況我們這些凡人？我所做出的許多重要決定，大都受到朋友的批評。我知道他們全部出於善意，認爲我將要做的事既危險，又缺乏成功的希望，於是對我的無謀給予相當大的警告，這對我將有很大的幫助，所以我會很高興的接受。可是，有時候我也會堅持自己的原則。

記得在我取得會計師資格，爲了進入一家小公司而辭去大企業的職位時，這個決定在當時大受同事們的嘲諷。而今天我們的事業，正表明我當初的決定是正確的。當我四十歲開始學駕駛滑翔機的時候，很多人都說我太過分了，因爲孩子們還小。但正是由於我這項決定，讓我們全家人度過了許多歡樂的時光。

要想透過讀書來磨練經營的手腕，最重要的是博覽群書。歷史是人創造的，是以人爲主題的，不僅如此，即使是醫學、投資、飲食療法、運動等等，每一本書都代表了人的思想、行爲。所以，從現在開始，能夠多讀書最好。如果你想提高經營水平，惟一的途徑就是讀書，從書中尋找智慧來提高自己。

關於經營方面的書籍，你不妨去請教你的大學教授。他們手上有最新的情報，譬如誰出了什麼好書，或者誰寫了精彩論文等，他們會是你最好的顧問。根據我的經驗，我相信他們會樂於給你提供幫助的，你去嘗試吧！

最後，記住聖湯瑪士·阿奎那斯的名言：「小心只看一本書的人。」我想，大概是因爲這樣的人思想比較狹隘吧！我也相信你絕不會是這樣的人。

你的父親

約翰·皮爾龐特·摩根

6 結交行業朋友

真正的友誼是建立在寬闊的心胸之上，能誠懇的依賴、分享、施與、享受對方的喜怒哀樂。當朋友有煩惱時，能適時地給予同情；當朋友犯錯誤時，能給予適當地規勸。

親愛的小約翰：

在交友方面，有很多話我想對你說，因爲朋友往往對自己的影響非常大，甚至關係到你的事業成就。從偶然的相遇而產生正式的友誼，以人的特性而言，在友誼交往中，想交朋友的人，我們很自然地被他的善意所吸引。但是沒有一件事比與沒有吸引力的人培養友誼，更令人感覺到空虛乏味，挫折感肯定接踵而來。最麻煩的是有人想和你交朋友，但是你卻對他全然不感興趣，你也不能以不友好的態度對待他。如果那個人想要和你做朋友的心意是純眞的，表示他可能被你某些獨特的氣質所吸引，而想親近你，你千萬不要責怪他的方法不夠高明，其實他只是企圖成為你親密的朋友罷了！

最誠摯的友誼，是從互相認識與瞭解中開始的。建立人與人之間的彼此關係，第一是夫妻關係；第二是和子女的關係。與自己的子女和諧相處是非常重要的，我希望你將來能處理好你和子女的友誼，你也應該能；最後是你和父母以及你的姻親之間的友誼。我之所以說希望，是因為不得不提醒你，世上有很多悲劇的造成，往往就是喪失了因血緣關係或者婚姻關係而產生的友誼。這種最親密而寶貴的友誼是需要經常培養的，對家人以外的友誼更需要如此。

某種意義上來說，友誼與事業的關係非常大。從某一個角度看，兩者之間密不可分，相互影響；但是換一個角度看，可能一點關係也沒有。因為友誼往往隱藏在「金錢」的複雜關係中。你會在企業界遇到各式各樣的人，換句話說，你將會接觸到屬於你那個社會中具有代表性的人：有工廠的從業人員、客戶、進貨的對象、交易的對象、政府的官員，還有其他在工作範圍以外見面的人，如鄰居、教友、店員、俱樂部的會員、汽車修護人員，以及釣魚時的夥伴等，有數不清的人在與你交往，雖然這些人不一定都會成為你的密友，但是大家在某個程度內仍算是朋友。

6. 結交行業朋友

有人說：「一天不結交新朋友，就等於減少了一天的生命。」我覺得很有道理。產生友誼的方式很多，假設我們和某人第一次見面，經過打招呼、聊天而產生友誼，從「我們哪天一起吃午飯好嗎！」的話語中開始互相交往。假若你沒有眞正的誠意，請不要隨便信口招呼你的朋友。如果不付諸實際行動，你將被視爲很膚淺的人。

交朋友是很好的事，聖人具有獨特的見解。中國的孔子曾說：「無友不如己者。」意思是說，應該結交道德水準和我們相近，或者超越我們的朋友，這樣才能使我們更進步。因爲經過益友的言行舉止等方面的薰陶，可以引導我們向善、向更好的方向發展，逐漸遠離人類那些自私、卑鄙、膽怯等弱點。

你仰慕、尊敬的人如果善意地和你交朋友，自然會使你產生充分的自信心，因爲這時他也尊敬你、喜歡你，他將你視爲談心的對象、知心的良伴。世界上沒有任何一件事，能比三五個知心好友在難得的聚會上歡聚一堂，而使人感覺到更高興的了。

在日常生活裏，我們經常靈活運用的智慧，僅占所有智慧的一小部分，大部分的潛在能力仍在休眠狀態等待開發。惟有與才氣煥發的友人互相交談，才能刺激我們的智慧，從而使我們的人生更加光輝燦爛。你也可以嘗試自我開發自己的內在潛力，通過多讀書、多交友來達到目的。

在人生的際遇中，如意或失意是在所難免的，我們常常會碰到，但是惟有親密的朋友才能分享我們的成功，分擔我們的痛苦。威廉．歐斯拉特有一句至理名言：「青年人追求幸福的歷程中，友誼的幫助是不可缺少的一環。」

對於朋友來說，根據我個人多年的觀察，可以共患難的朋友不少，但是能共享成功的朋友卻不多。所以，我認爲知己就是能夠衷心爲你的成功而高興的人，並且能夠時常鼓勵你：好棒啊！再做一次吧！只要你有決心一定會成功！等等。人與人在交往過程中，往往要在一方成功、而另一方失敗的時候，才能顯現眞正友誼的珍貴。無論是多麼親密的友誼，哪怕是婚姻關係，也常常因爲無法忍受一方的成功、另一方失敗的考驗而崩潰，更別說那些泛泛之交了。

朋友的選擇，往往是那些有良好的性格、良好的倫理道德觀念、廉恥心、幽默感、勇氣、自信心的人，才成爲大家競相追求成爲知己的最佳人選，但是成功的機會卻十分稀少。知己難尋，你一生裏能有四五個知己，就算很幸運了，即使最後五個知己中失去了其中一兩位，你仍算是很幸運的。

怎樣才能維持長久而穩固的友誼呢？實在沒有一個很正確的答案，但是依我個人的觀察，大部分的所謂知己朋友，他們都有相似的好惡；在性格方面具有誠實、忠誠、講求信用、重視社會生活的基礎等共通性。我認爲眞正穩固的友誼，是建立在寬闊的心胸之上，能誠懇的依賴、分享、施與、接受、享受一方的喜怒哀樂。眞正的朋友體現在互相幫助上，當朋友有煩惱時，能適時地給予同情；當朋友犯錯誤時，能給予適當地規勸；此外，亦能在適當的時機給予朋友鼓勵和稱讚，即使有一方喜歡古典音樂，另一方卻喜好爵士音樂，也不會影響眞正友誼的存在。總之，知己難求，應該好好地珍惜它。

友誼像鮮花一樣，也需要雨露的澆灌。爲了維持良好的友誼關係，你必須伸出溫暖的雙手，撥出你空餘的時間，多體貼、多關心你的朋友。縱然是一個電話、一次短暫的傾談，也能表達你無限的關懷。所以，爲了避免變質、變壞，友誼是需要加以培養的。總之，友誼關係需要保養，就像牧場的柵欄，必須時常關心它，否則，珍貴的友誼將會因爲你的疏忽而喪失殆盡。

生活在這個變化萬千的世界上，人不可能孤獨無助。因爲到處充滿了機智、頭腦聰明、令人愉快的夥伴，值得你去追尋。惟有不斷的結交新朋友，才能充實你的人生。

朋友之間不一定要觀點一致，好朋友也往往思想分歧。我和新朋友談話，討論有關人生的問題，雖然觀點往往不同，但是從來沒有感覺不快樂。因此，結交朋友時，觀點是否一致並不是交朋友的重要因素，而是在於你是否尊敬對方的想法。此外，你也可以在結交新朋友的時候，和新朋友討論並交換心得，從而啓動你的思想，提高你的人生價值觀，豐富你的人生。

在我們的一生裏，必定會遇到幾位令你終身難忘的知己。在你得意的時侯，你可以向他們炫耀你的成功；在你失意的時侯，你可以向他們傾訴你的煩惱；當然，你需要他們的時候，他們也會適時地出現在你身邊。我希望你盡可能地珍惜這份友誼，雖然你已有了工作夥伴、家人以及自己的嗜好，但是當你在落魄沮喪時，只有朋友才可以安慰你，當你在做重大決定時，惟有朋友可以適時地給你鼓勵。

在家裏，我雖然是你的父親，但在工作和學習中，我希望你能夠將我視爲一個知己、同事，當你得意時會向我炫耀你的成績；當你不如意時，也會向我傾訴你的煩惱。

你的父親

約翰・皮爾龐特・摩根

7 一生的投資

> 一旦婚姻投資得當，你的事業也將隨之迅速地達到高峰。
>
> 假如把婚姻視為兒戲，草率地決定，那麼隨之而來的懲罰將是離婚、精神痛苦、「存款金額的銳減」。

親愛的小約翰：

孩子，你的終生大事是我最關心的問題之一，所以，在此我不得不饒舌說上幾句。父母都希望你有美滿的婚姻，可是我聽你向朋友談起打算結婚之類的話，總是不禁莞爾。因爲每次與你約會的對象總是不同，我於是忍不住猜想那位幸運的新娘不知是誰家的少女，因爲我早已放棄爲那些可愛的女孩們做記錄的計畫。

我實在無法笑著聽你說「我好像也該結婚了」這類的話而置之不顧。你並不是指某個具體的時間或可行的計畫，而彷彿一說就是要打算馬上結婚，當你說這樣的話的時候，我的心忍不住爲之悸動：你爲什麼會有結婚的念頭呢？該不會是因爲朋友們相繼結婚，你也凡心大動吧？或許是因爲結婚正在流行，你也要趕時髦？

馬丁．路沙說：「再沒有比一樁幸福的婚姻更美好、更充滿友誼與魅力的事了。」你老爸也深有同感。追求愛情是你們年輕人的權利，但是，結婚務必要愼重考慮。某種意義而言，婚姻是一種緣分的結合，但是決定這件事的結合力，惟有在要發動時才能發動，它不會自動地產生。也許我這樣的話你會認爲很過時，或認爲我不解風情，但是作爲過來人，我仍然不得不這樣對你說：絕不能把婚姻視爲兒戲，草率地決定，否則隨之而來的懲罰將是離婚、精神痛苦，而在大多數的時候更將是「存款金額的銳減」。

儘管你尚未體會到做父親對兒女的情感，但是我必須告訴你，夫妻之間的感情可能很遺憾地經常冷卻，但是父親對於子女的情感卻絕不會稍減，一旦離婚，這必定會對自己及子女造成相當大的痛苦。

我們家族是做企業的，所以，以經商的想法做比喻：結婚是人一生中最重大的投資。這可以從兩方面來說，一、幸福婚姻是人生的重要支柱；二、不幸的婚姻所招致的損失，將是非常可怕的，爲了解決一個不幸的婚姻，經常要犧牲半數的財富，甚至必須支付數年的贍養

費，還有就是嚴重的精神上的傷害。

我覺得現在的年輕人對於結婚所採取的態度，似乎過於草率。我們經常聽人說：「既然合不來，乾脆離婚算了。」眼見如此美好的大事被輕率地處理，實在令人感到悲哀，而看到離婚後所帶來的無限苦惱，更是令人痛心。

很多人對待婚姻就採取了謹慎的態度，從此展開幸福的婚姻生活。他們的秘訣是什麼？因爲在他們的結合中，不僅包含著互敬互諒，還包含了一定要使婚姻生活美滿的堅定決心。幸虧你在挑選未來的妻子時，倒是挺沈著的。因爲你的性格好，人品也不錯，有其父必有其子嘛！如果能夠善用上蒼賜予你的這些優點，我確信你必能在結婚事業上作相當出色的投資。

至於這個投資對象應該具備何種條件，你可能會徵求我的意見，但最主要的是要你自己去鄭重選擇。如果你無法正確抉擇的話，我可以告訴你：她必須是溫柔、討人喜歡的女孩。你最好仔細觀察她是否有卑劣、善妒的個性，因爲這種個性，勢必會引發日後的軒然大波。不要接近喜歡說長道短、搬弄是非的女人。對於貪婪的女人，要一如逃避瘟疫般地敬而遠之。

在你選擇了你喜歡的人後，今後你就將與那位幸運的少女共度一生，所以我盼望那個女孩最好是位絕代佳人。雖然說「美是膚淺的」，但是若有一位內、外皆美的嬌妻，每天看著她也是人生一大享受吧！

如果那個女孩既聰明又知書達禮、裝扮不俗、能與你共經風雨，並能以眞正「合夥人」的身份與你平等地交換意見，那我勸你儘快把她娶回家！

一旦婚姻投資得當，你的事業也將隨之迅速地達到高峰。我實在無法想像其他事情會有如此的威力，因爲再也沒有比爲了要與一位好妻子配合步調所做的努力，更能夠提升自己的價値。

我給你的其他參考條件還包括：那位女孩是否勤快？是否講衛生？她的流理台是否經常杯盤狼藉？有沒有幽默感（最好有）？如果你已經找到了一位迷人、有氣質、聰明伶俐的伴侶，那麼你總是能占盡天下所有的便宜，對於她的一些其他方面的小缺點，就不要吹毛求疵了，因爲本沒有十全十美的人。只要她具備了這三項重要的條件，你婚後大可泰然地過日子了！不過，面對將來無法避免的危機時，還是應該秉持互敬互愛的信念，共同去處理問題。如果你們有了眞正的愛情，並以婚姻的形式固定下來，那麼就應該共同珍惜。

有一點我還想和你討論，那就是當你看到朋友的妻子，是否曾在心中閃過「如果我的婚姻投資對象是她該有多好」這類的念頭？如果眞有這種念頭，我勸你還是少和她碰面爲妙，以免造成無謂的糾紛。你應當自己去尋找理想的伴侶，而爲了知道對方是否適合自己，不妨作一番調查和分析，即使是結婚前一刻，你也要捫心自問：「是否忽略了『更好』的投資對象？」別忘了常言所說的：「婚前要睜大眼睛，婚後則要睜一隻眼、閉一隻眼。」

如果你在調查中發現了一顆鑽石，千萬不要忘了「懦弱絕不能掠獲美人心」這句名言。我有一些小方法要告訴你：欲說服佳人點頭，不僅要打動她的芳心，更要動點腦筋，計議一番。爲了她，你可能發生有口難開、喝湯濺了一桌、不湊巧地撞上電線桿，或是無緣無故地茶不思、飯不想。當你無法抑制心中小鹿亂撞時，也就是命運之神作弄你的絕佳時機。因此，尚未明白對方對自己的心意之前，最好放鬆自己的心情，泰然地面對她吧！女人往往對於深思熟慮的男人難以抗拒，當一位較特殊的女子出現時，如果你不想約會一次就互道再見，請將這件事謹記在心。

在你對婚姻對象作了選擇之後，你必須設法作一張「資產負債表」，將家庭時間及工作時間按適當比率妥協分配。偏向任何一方，都是不健全的做法。特別要注意的是，不要因蜜月旅行一結束，就將工作的比重加大，雖然我們的工作是追求「萬能」金錢的工具。

如果你能實踐我在此信中所說的大部分的話，相信慈愛的主與無數的幸福將會簇擁著你，走向美滿的婚姻大道。孩子，我們龐大的家族事業和財富要你繼承並發展，所以你的婚姻是否幸福，更有另一種意義的重要性。婚姻是否幸福，不只關係到你自己，更關係到我們家族未來的前途。

你的父親

約翰．皮爾龐特．摩根

8 健康的資本

人總認為擁有健康的身體是很平常的事。事實上，人的健康是一切幸福的基礎，我們能在事業上發揮自己的能力，必須幸福及健康兼具才行。

親愛的小約翰：

每個人都會關心自己的身體狀況，可是往往在健康的時候忽略它、在疾病來時才又後悔。人總認爲擁有健康的身體是很平常的事。但是，許多人過度地使用自己的身體，讓它太忙碌、太疲乏，或讓它受傷，卻不知道要去保護它。我們雖瞭解造物者賦予我們健全方便的身軀，卻沒有去眞正重視它。

對我們的身體造成危害是多方面的，我們先討論幾個一般性的行爲。抽煙對身體的危害很大，一個小時裏，假如你抽兩三次香煙，你就會很有規則地把尼古丁、焦油充塞到你的肺和血管裏；同時，在城市的生活裏，有時還要讓肺忍受汽車的廢氣以及人工惡臭的污染。在消化系統方面：吃太多和油膩的食物，比如漢堡、點心及大量的砂糖，這些食物雖然很可口，可是吃得太多，就會成爲身體的一項負擔，最後讓身體吃不消。

我們背負了多餘的二十磅體重，以心臟爲主的循環系統，每天要分解香煙、洋芋片等的工作，還要分解一打或半打的啤酒，甚至威士忌。同時，很多人的生活是這樣：到了晚上，爲了輕鬆點，還要抽上很多香煙。

雖然大多數人的一天，並不像我說的那麼極端。但煙草、酒、大麻、咖啡因等享用過度了，就是在慢性自殺。據我個人觀察，雖不是每個人都如此，但大多數人卻時常做著前面幾個項目中的三、四種。

可是，請耐心地聽我說：生活雖然會對我們造成很大的壓力，可壓力卻是有人類以來就存在於日常生活中的要素。壓力不是一種新名詞，住在洞穴裏的原始人，爲了用棍棒驅逐猛獸，也面臨了巨大的壓力。很多人有面臨餓死的壓力這種經驗，科學家卻把壓力當做是一種疾病來研究，而且有系統地研究壓力的事情。確立壓力研究的第一人是漢斯．西里佛斯博士，他認爲疾病是由壓力引起的，好的壓力對身心機能是不可缺少的，壞的壓力對人類的健康卻是有害處的。

特別是抽煙、喝酒、有害的食品等，會造成疾病。在被一般人所接受的現實社會裏，追求健康的確是一件不容易的事情。維持健康的生活習慣，必須具有強烈的自制能力，這就是要加強自己的思想意識，杜絕不良習慣。我希望你在年輕時就能重視這件事。據說，某一保險公司在探索長壽的主要原因（爲調整保險費支付計畫而做的調查）時，對相當多的百歲以上的人進行調查，發現一個基本的原則：工作、遊戲都適可而止。他們很清楚，做任何事都不能過度。

每個人都有不同程度的壓力，主要靠自己去抗拒，甚至把它轉化爲動力。專門處理壓力問題的心理學者，可以對那些想要對抗各方壓力的人有所幫助。如果你也有這樣的想法，可以嘗試每天堅持做幾分鐘的基本練習動作，來放鬆自己。

在處理問題的時候，就得把腦力多餘的部分開發出來。你必須處於很鬆懈的狀態，而這種鬆弛的狀態，首先必須把讓你煩惱的雜念摒除，如果頭腦已恢復了穩定性，就可以讓頭腦去處理問題，且一次只處理一個問題，也就是說，你必須在最平靜時處理問題，隨時讓頭腦保持冷靜。因爲頭腦在我們身體中，是不大被運用的器官之一，肝臟、心臟、肺卻過度地工作。在這種情形下，頭腦的功能逐漸不能發揮，如果腦細胞不斷地運用，精神方面爲緩和緊張的情緒壓力，會得到強有力的後援。

冷靜的狀態、活力最充沛的狀態，可以用鬆弛的方法達到。沉思、冥想、肌肉鬆弛、自我催眠等幾種方式，找出最適合自己的方法加以練習，並做一種短期的訓練。以一種沈著的、有冥想的感覺，發現能使你的頭腦保持寧靜的最好方法以後，不論你有多少的問題，都可以得到正確的估計。

爲了學會最適合你鬆弛狀態的方法，開始時，你需要專家幫忙，不久你會發覺，這不過是一種很單純的技術、很簡單的解除壓力的方法。教育界的人爲什麼不能把這件事當成像讀書寫字一樣，在學校當成必修科目？若能如此，精神穩定劑、咖啡因和酒的銷路一定會減少，社會也會變得更健康。

個人精神的選擇權，可以由每個人自由選擇。你要怎樣度過你的人生，你要怎樣去生活？是可以由你自己決定的，你有三種選擇的方法：

一、無視自己精神壓力；

二、只是面對壓力而歎息；

三、面對壓力而作出適當的決策。

具體要如何選擇，這是你自己的自由。

人生本質上有一要件，就責任問題來說，你也有自我決定的自由。你可以接受責任，也可以迴避責任，這是你可以自己決定的特權。可是以我的經驗來說，肯接受責任的人在這個地球上，比不肯接受責任的人過得幸福。與其說不接受責任的人在過自己的生活，倒不如說是尚在蹣跚學步罷了。

我爲什麼這樣認爲呢？關於這一點，隨著年齡的增長，你會明白，人生並不是只爲自己而活。班傑明・迪士利曾說：「國民的健康才是國民幸福及一切力量的基礎。」我個人認爲：健康是一切幸福的基礎，職員要在我們的事業裏發揮他們的能力，他必須幸福及健康兼具才行。

基於上述理由，我勸你參加關於壓力的研習會，如果你聽了我的話而採取行動，說不定可防止你二十年身體的消耗！麥斯說過：「健康和知識是我們在這世上得到的兩種恩惠。」你能像麥斯那樣關心自己的健康，或者你能有那種意識嗎？

緩解壓力很簡單而有效的方法，就是你把其他人的性格，特別是你以爲比較理想的特質寫下來，每天去讀、去研究自己想成爲的那種人。你所寫出來的特質應該有幽默、忍耐、挑戰性、自信、品行高雅、責任感、挺身而出的勇氣、精神上的寬裕。因爲我深深的被這些特點所吸引。

緊張是一種習慣，放鬆也是一種習慣，壞習慣應該克服，好習慣應該養成。你怎樣才能放鬆呢？首先要從思想開始，或者說，從你的神經開始。但是，眞正的放鬆應該從放鬆你的肌肉開始，這是我看有關的專著才知道的。具體怎麼做呢？我告訴你：先從濃密的眼睛開始，把頭向後靠，閉起你的眼睛，然後默默對自己說：放鬆、放鬆，不要緊張、不要皺眉頭，放鬆、放鬆……，如此重覆，再重覆。我還必須提醒告訴你，壓力的處方如下：使自己鬆懈，讓頭腦進入空想狀態，用平靜的心態，一次只研究一個問題，把有害的壓力儘量排除，以達到降壓的目的。

最後，還有一個我很喜歡的好處方，就是限制自己的工作時間和數量，通常收到很好的效果。像要釣魚時，往往要離開人們，到寧靜的湖邊。

過自己健康和自由的一天，你會覺得帝王的幸福也不過如此。

你的父親

約翰・皮爾龐特・摩根

9 有效利用時間

時間是你自己可以握在手中的最寶貴的財富，成功的企業家都掌握了一個原則，那就是變「閒暇」為「沒閑」，也就是珍惜工作和生活中的分分秒秒，勤勤懇懇地工作。

親愛的小約翰：

今天我寫信想和你討論的是時間問題，我知道，最近你爲了自己的個人問題花了很多時間，卻好像並沒有達到什麼目的，我爲了你浪費的時間感到很可惜。我相信，其實你是對時間缺乏某種計畫，你的本意並不想浪費時間。

時間是企業家賴以成功的籌碼，浪費時間就是在浪費生命。珍惜時間應該像珍惜生命一樣，因爲生命是由時間累積起來的，所以我希望你在成爲企業家的路上，從珍惜時間開始。

對於一個人、一個企業，能好好地利用時間是非常關鍵的，一天二十四小時如果不能好好計畫一下，就會無緣無故地浪費掉，會跑得不見蹤影，什麼也得不到。

怎樣分配時間，對於一個人的事業成敗起著決定作用。有人往往這樣以為，在這浪費幾分鐘、消耗幾小時沒什麼關係，然而，事實並不是這樣。這種差異對於時間來說顯得很微妙，要經過很多年才能讓人們覺察出來，可是有的時候，這種不同也是很明顯的，我不希望你有這樣的想法。

時間是你自己可以握在手中的最寶貴的財富，千萬別忘了不珍惜時間就相當於不珍惜生命。成功的企業家都掌握了一個原則，那就是變「閒暇」為「沒閑」，也就是珍惜工作和生活中的分分秒秒，絕不好逸惡勞，只是勤勤懇懇地工作。你要認認眞眞地、合理地安排時間，不平白無故消耗一分鐘在無聊的事上。

所有的節約最終都是時間的節約。時間的一個最大特點，就是不能挽回、不可逆轉、也不可能貯存。它是一種永遠不會再生的、與眾不同的資源。

時間相對於每一個人，每一件事情都是毫不留情的，你再有多大的本事也沒法留住它。時間可以被肆無忌憚地消耗掉，當然也一定會被很好地利用起來。很好地運用時間，也就是一個效率的問題。也就是說，在單位時間裏對時間的利用價値就是效率，有限的時間一點一滴地累積成人的生命。

人的一生其實很短暫，用於眞正去創造的時間不多，假設以八十歲的年紀來計畫一個人的一生的話，那麼大概就有七十萬個小時。一個人可以精力充沛地進行工作的時間只有四十年，大概相當於一千五百個工作日，三十六萬個小時，減去吃飯睡覺的時間，大約還能夠有二十萬個小時的工作時間。我們在這些有限的時間裏最大限度地發揮作用，就能體現生命的有效價值，最大限度地增加這段時間裏的工作效率，就等於延長了你的壽命。你想想，自己有多長的生命去浪費？顯而易見，你要成爲優秀的企業家，繼承和發揚我們家族的事業，你就必須知道「效率就是生命」這個道理。

我們其實有各種各樣度過「空閒」時間的方式，有人利用「空閒」時間博覽群書，汲取知識的營養；有人利用「空閒」時間接交朋友；有人利用「空閒」時間做藝術創作；也有人利用「空閒」時間思考問題……

在這裏，我不只是要你珍惜時間，最重要的是要告訴你珍惜時間的方法。具體來說，可以從下面幾個方面駕馭時間，提高工作效率：

首先，要善於集中時間，不要用平均率去分配。應該把你的有限的時間，集中到處理最重要的事情上，不可以每一樣工作都去做，要機智而勇敢地拒絕不必要的事和次要的事。每當一件事情發生了，你就應該思考：「這件事情值不值得去做？」千萬不能碰到什麼事都做，更不可以因爲反正我沒閑著、沒有偷懶，就心安理得。

其次，要善於把握時間。每一個機會都可能是引起事情轉折的關鍵時刻。有效地抓住時機，可以牽一髮而動全局，用最小的代價，取得最大的成功，促使事物的轉變，推動事情向前發展。

如果沒有抓住時機，常常會使已經到手的結果付諸東流，導致「一著不愼，全局皆輸」的嚴重後果。所以，取得成功的人必須要擅長審時度勢、捕捉時機、把握關鍵，做到恰倒好處，贏得機會。

最後，要善於協調兩類時間。對於一個取得成功的人來說，存在著兩種時間：一種是可以由自己控制的時間，我把它叫做「自由時間」；另外一種是屬於對他人他事的反應的時間，不由自己支配，叫做「應對時間」。

這兩種時間都是客觀存在的，都是必須的。一旦沒有「自由時間」，就完完全全處於被動、應付狀態，不會自己支配時間，就不是一名有效的領導者。

然而，要想絕對控制自己的時間，在客觀上也是不可能的。沒有「應對時間」，都想變爲「自由時間」，事實上也就侵犯了別人的時間，這是由於每一個人的完全自由，必然會造成他人的不自由。

我還想補充說明的是：你要善於利用零散時間。時間雖然不可能集中，但往往出現許多零碎的時間，要珍惜並且充分利用大大小小的零散時間，把零散時間用來做零碎的工作，從而最大限度地提高工作效率。另外，善於運用會議時間，我們召開會議是爲了溝通資訊、討論問題、安排工作、協調意見、做出決定。很好地運用會議的時間，就能夠使工作效率提高，節約大家的時間；運用得不好，則會降低工作效率，浪費大家的時間。

你的父親
約翰・皮爾龐特・摩根

⑩ 不斷汲取新經驗

商業經驗，無法靠別人的傳授，也不能從學校中學習，惟有自己日積月累地貯存。以你本身所具備的條件，再加上經驗，一定可以成為卓越的經營者。

親愛的小約翰：

孩子，你這段時間的表現很不錯。可以看出你的工作是非常努力的，你完全沒有像一般紈絝子弟那樣的不良習氣，相反的，你做出了很好的成績。所以你將升任銷售部長，這是你一展所長的時機，希望你更加努力。很多人常常因為取得一定的成績就自滿，以致停滯不前了。你的在校成績以及公司的業績表現，足以證明你稟賦優異，同時，你做事的態度熱誠、負責，並且有客觀的見解及豐富的知識。

可以這樣說：你惟一欠缺的是一項最基本的要件——經驗。在你的學生時代，經常嘗試新鮮的事物，並以日常生活中所累積下來的經驗，用充滿自信的態度去處置，每次都能做出令人滿意的成果來。現在，你又將到新的工作崗位，這是過去未曾經歷過的，你必須以謹慎、謙虛的心態去面對他們，多汲取前輩的經驗。

當你自覺經驗不足時，應該如何彌補這一項缺欠呢？我想，你首先應該知道，即使缺乏經驗，也不能阻撓你發揮才能去達成目標。在面對問題時，先冷靜分析問題的癥結，收集資料，然後不厭其煩地進行稽核工作。

在未瞭解的情況下，做事不要莽撞，要先弄清楚的情況包括：手邊的資料有多少？資料是否有不完整的地方？是否需要再一次地收集？是否等資料完全齊全，才擬定行動方針等等。許多人由於缺乏反省的工夫，以至於陷入失敗的陷阱。你必須謹記：成功不是一天創造出來的。在收集資料的過程中，若能做得確實、完備，成功就指日可待。在你小時候，不知道你是否記得：當我們一家人出去旅遊、在森林露營時，第一步要做的工作，便是選定一處平坦、堅固的地面。否則，付出再大的努力，終將功虧一簣。

在你取得可靠的情報以前，你可以先分析資料，抑或開始工作，這兩種方向也會造成很大的差異。你必須先壓抑進行工作的行動，把這項活力貯藏起來，就好像每當我們全家外出旅行時，每個人都興高采烈地想要早點出門，誰都沒有耐心仔細檢點必須攜帶的裝備。我卻對照著旅遊指南，一一檢視，以免遺忘重要的物品。這種現象，並非由於我的經驗不足，只是我寧願小心求是。

資料收集的工作完成以後，你再仔細思量，周圍值得信賴的人，能否提供正確的情報。例如公司內和你職位相當的人，或是董事長，或是其他能夠與你商討的人。

資料收集好並進行思考，接下來就比較能夠進入情況。因爲經驗是邁向成功的重要一環。關於這點，你將慢慢會瞭解。有時候，失敗的原因，並非全然是資料不足，大多是缺乏經驗而導致錯誤的判斷。我所要教導你的，就是收集資料以及分析資料。前一個過程，要靠你的耐心和細心；後面的工作，就要依賴你的經驗了。

具體來說，要怎樣熟練地分析資料呢？方法很簡單，也就是多方面去接觸。在這其中我必須強調一點，與其憑你的直覺妄下斷語，不如深思熟慮、按部就班。雖然這樣做也許太慢，但是也比較不容易出差錯。

資料收集和分析完畢以後，再進入實際操作。我相信，這個階段是難不倒你的。你已充分具備實務的經驗，你在學生時代就已經嶄露頭角。現在，你只要按照自己的決定，徹底去做。

我想提醒你，我今年雖然已經六十多歲，在企業界也已立足幾十年，但是我每天仍然不斷在吸收新的經驗。企業界經常推陳出新，未曾接觸的事物層出不窮，所以我時時學習新事物、累積新經驗；我也從不諱言缺乏某種工作的經驗。承認這方面的不足，並不會影響你的自尊心，但是對公司的損益計算表，卻大有裨益。

以你本身所具備的條件、再加上經驗的話，一定可以成爲卓越的經營者。經驗無法靠別人傳授，也不能從學校中學習，惟有自己日積月累地貯存。無論你累積多少經驗，仍要不斷地學習，並從失敗中汲取更深一層的經驗，以免重蹈覆轍。

我們可以充滿自信地認爲，「當音色曼妙的小鳥要一展歌喉時，森林會以寂靜的面貌傾聽」。

你的父親
約翰・皮爾龐特・摩根

11 對人多付出一點

運用禮貌，最大的優點就是提高屬下的工作士氣，以及公司的營運效率。你以客氣的方式要別人做事，比以命令的方式更能獲得首肯。

親愛的小約翰：

這次給你寫信，是想跟你談一談關於禮貌、關愛的事情。講話的藝術、禮貌是非常實用的東西，學習這些知識，只需不過一兩周的時間，它們卻對於你的生活、事業、晉升大有好處。然而一個令人遺憾的事實是，大多數人都欠缺這樣的能力。

聽說你要爲公司找一位銷售員，不知道你現在確定了人選沒有？我知道你對選拔人才一向頗爲嚴格，我也是如此，不輕易對別人產生好感，所以我能理解你的想法。不過我想，生

活中很少有人會刻意研究要如何給別人留下好印象，因爲他們並不知道這有多麼重要。

根據我的生活經驗，成功人士所必須具備的條件，雖以學識爲首位，但禮貌是絕不容忽視的。它的重要性僅次於學識，而企業界的人大部分卻只具備前者。威坎侯先生創立了兩所大學，即艾賈斯特大學和新大學，他們的口號是「禮貌造就崇高的品格」。我認爲這個口號對教育界非常適合，學識和品行對一個人是同等重要的，二者缺一不可。遺憾的是，即使教育界也很少有人認識到這一點。

禮貌是什麼呢？說到底，禮貌就是對你周圍的人多付出一些關愛。首先是要常常記得說「謝謝你」。現在有一種這樣的說法，即「說『謝謝你』越頻繁的人，越容易成功」，這句話雖說不是十分科學，但也是頗有幾分道理的。「謝謝你」這三個字，是世界上運用最廣泛的禮貌用語，對它的答語經常是「不客氣」，然而這些謙辭在商場上的對話裏常被忽略。你如果對下屬、店員的請求協助都加上一句「對不起」，那麼，你在一天中使用這句話的次數一定相當可觀。你不妨試試看，在你要求別人做某件事時，如果先說「請」或者「麻煩你」，你會很詫異地發現，那些受託之人都會欣然接受，並且很迅速地完成你交辦的任務。

恰當地運用禮貌，可以大大提高員工的工作士氣，以及公司的營運效率。你以客氣的方式要求別人做事，比以命令的方式更能獲得首肯。爲女士或男士開門，或是當女士進入室內時，爲她們脫下（或穿上）外套等禮貌的舉動，都會得到他們同等善意的回報。這些是日常生活中最基本的禮貌，也無需花費分文，很容易就能學到。而且，這些事情在工作、職位晉升、簽定合同、建立客戶關係、結交朋友等各個方面，都會收到意想不到的好的效果。

有的人常常在別人話還沒有說完時，就突然將它打斷，這是一種最不禮貌的行爲。這種人往往以自我爲中心，更喜歡自己滔滔不絕地發表看法，不願靜聽別人的見解。這種性格的人很難吸引別人，也不會給人留下好印象。這種行爲會貶低自己的形象。那位正在說話的人，也會因爲受到這種侮辱而深感不悅。因爲打斷他說話，不僅意味著你明顯表示出對他的話不感興趣，而且也是對他本人的不尊重。因此，要切記，專注地傾聽對方說話，也是一種尊敬對方的表現，這也是人際交往的一大秘訣。

也有很多這樣的人，他們的話題一直圍繞在「我」上面打轉，對於自己的事情，巨細靡遺，全部掏出來講，這實際上也是不禮貌的表現之一。相反地，常常詢問對方的家庭及近況，表示很關心對方，但必須注意，詢問對方的私事不要太過分細緻，否則會流於探查隱私之嫌。適度的寒暄與問候，是對人表示親切的方式，也是給人留下良好印象的不二法門。

活潑詼諧的話語，通常都能吸引對方。要想掌握各種談話的禮貌，你還必須再作努力。世界上可供交談的題材多不勝數，簡單的問候語，除了天氣以外，還有成千數百種。諸如

「你是在這個鎮上長大的嗎？」、「你住在哪裡呀？」、「那是一個很繁華的城鎮嗎？」、「你們城鎮的足球隊，今年的戰績如何？」、「你現在哪裡高就？」等等，這些寒暄都可以派上用場。

第一印象在任何時候都非常重要，尤其在找工作時更是如此。有很多場合，你跟別人只有一面之緣，但就是這一面之緣，也許在日後會爲你帶來出乎意料的結果。如何在第一次見面時就抓緊對方的心，這是十分重要的，它決定了第一印象的好壞。這來自於三種身體語言：第一，你握手的態度是強勁有力，還是有氣無力；第二，你和上司說話時，是目不轉睛地注視他，還是左顧右盼，偷瞄他身旁的女秘書；第三，你的姿勢是否端正優雅。

據說，菲利浦親王在面對兩千多名群眾說話時，會使聽眾覺得，在場的只有親王和他兩個人。即將進入社會的年輕人，應該謹記這一要點，這是和別人談話最極致的表達境界。如果能儘量使聽者參與，聽他們的反應，讓他們提出問題，氣氛就會變得輕鬆，並最終取得談話的成功。修得學士學位的人，一定要能達到這種境界，具備此項特質。阿爾福瑞特．泰尼遜曾說過：「越是偉大的人物，越懂得禮貌。」

禮貌是樹立自己的良好現象的最好的方法，具體來說，你應該如何提高自己的形象呢？這包括很多內容，在這裏我僅就服裝方面略述一二。

從愛斯基摩人的衣著到非洲人的裝扮，服裝的樣式形形色色、各不相同，每個人都有選擇服裝樣式的自由（你可以發現，我在週末上午的穿著，都是簡單隨便的）。但是當你要接見面試者，或是和部屬一起工作，或是拜訪客戶時，一定要西裝筆挺，以示莊重。倘若你衣冠不整、不修邊幅，則很難博得客戶想與你簽訂契約的好感。你此時的穿著，不能只考慮你本身的喜好，而是要迎合對方的要求。當然，如果你只想待在倉庫工作，你自是可以任由你的皮鞋染上一層灰。但是，你如果想贏得別人的好感，獲得更高的評價，那麼，你就必須好好地把你的皮鞋擦亮一點，把你的長褲燙挺一些。

儘管服裝不能代表一個人的能力，但它卻能代替主人說話。請你仔細想想下面的情景：當你接受別人的邀請，女主人鄭重其事地忙了一天，她拿出最好的銀器供你使用，請人精心為你烹調出上等的佳餚。男、女主人穿上正式的晚宴服，在門口迎接你，而你卻穿著發縐的上衣、泛白的牛仔褲前來。這一定會令他們大失所望，認為白忙了一天，因為你的服裝表示出你不太在意這個邀請。為了避免這種尷尬的情況發生，當你接受邀請時，最好穿上西裝，並結好領帶。倘若到了宴會上，你的服裝顯得太正式了，你可以隨時取下領帶。無論如何，你慎重的穿著也是對女主人的一種禮貌，以你的裝束來代表對他人一番盛情的感謝。

服裝整潔、得體的人，會使人樂於接近。若是你的生活比較充裕，那麼，你可以買一套上等質料的晚宴服，參加週末晚上的派對。坐上餐桌時，將面前的餐巾攤開在膝上，眼前十六種銀器的使用方法，你也必須瞭若指掌。我們老一輩的人尤其注重餐桌上的禮貌。以前曾經有過這樣的事，有些董事被邀請到董事長家中，由於分不清刀、叉、湯匙的使用方法，因而失去了升遷的機會。

當企業家要在眾多候選人中選出一位管理者時，一定會先請他們吃飯。由此可見，餐桌禮貌在工作中，也扮演著至關重要的角色。我曾聽說過，有一個企業家將餐桌禮貌作爲最後決定職員晉升的標準。如此說來，晉升與否的悲喜劇，是在餐桌上上演的。那位主管將兩位高級職員帶到大飯店，從職員們點菜的態度，判斷他們處理事情是否有主見，是否能夠有條不紊。當侍者遞上菜單時，他會讓職員們先後點一些菜，倘若他們點菜時猶豫不決，甚至徵詢侍者的意見，或是不照菜單排列的次序點（大飯店出菜的次序，在菜單上按照先後排列，假如顧客先點中間的菜，則會令廚師們混淆）。主管本來可以先點好主菜，如此也能使服務生鬆一口氣。但是，這樣他就無法觀察出職員的決斷能力了。

如果兩位候選者的條件相當，成績、經驗都相似，那麼要分出一個高下，則需從他們的禮貌是否適當、服裝是否合宜、姿勢是否優雅、談吐是否得體、是否充滿自信等方面來觀察比較了。

說到這裏，我想你已經明白了，當你爲公司挑選職員時，必須選一位能代表公司、能和同事愉快相處的人。具備前述各項特點的人才不是沒有，只是爲數不多，而且每個公司都競相爭取這種人才。這種人就像一塊玉石，渾身散發著光彩，只要他一出現，立刻就吸引了大家的注意，你也要吸收這種人才。你要通過各種管道瞭解，比如可以向來公司推銷的人員或本公司的銷售員探詢，在哪裡能夠找到這種品行端正、禮貌周到的員工。

愛德華．路卡斯曾說過：「任何堅盾都抵擋不住『禮貌』之矛。」這句話頗耐人尋味，正表明了禮貌的重要性。對準備躊躇滿志、大顯身手的你來說，這句話值得將其作爲座右銘而謹記在心。

你的的父親

約翰．皮爾龐特．摩根

12 激發工作熱情

對於自己以什麼樣的方式活著，你有選擇的權力。你有必要學會怎樣激勵自己和別人，使它確實能幫助你。當你知道什麼方法能激勵人的時候，你也能使用它來激勵自己。

親愛的小約翰：

懂得如何用有效的態度和悅人心意的方法去激勵員工，是一個企業家應該掌握的基本管理方法，在你的生活中也是十分關鍵的。

你在整個一生中，都扮演著雙重的角色，你不僅是你自己，而且同時又是你眼中的他人；在你激勵自己和別人時，別人也在激勵你。

激勵就是鼓舞人們作出抉擇並開始行動，激勵能向自己和別人提供成功的動因，也就是個人體內的「內在動力」。比如情緒、熱情、習慣、態度、衝動、願望、信任等，它們能激勵你積極行動起來。

激勵自己和別人的重要方法就是「暗示」，「自我暗示」或「暗示別人」。激勵自己和別人的秘密，在於暗示，這是人類的一項巨大的發現。也就是：倘若你願意付出代價，使用積極的態度的話，你就能成爲你所想要成爲的那種人，無論你過去的經歷、才智、智商或環境怎樣，這種因果關係都是眞實的。

你要記住：對於自己以什麼樣的方式活著，自己要怎樣，你有選擇的權力。你有必要研究學會怎樣激勵自己和別人，使它確實能幫助你，因爲當你知道什麼東西能激勵人的時候，你也就能使用適當的方法來激勵自己。

能幫助你激勵自己和別人的這種簡單的方法是基於暗示的，它包括自我暗示和自動暗示。這其中的含義是，倘若一位行銷員很膽怯，而他的工作又要求他積極主動，那麼，你應該做的是：向你的行銷員講清道理，指出膽怯和恐懼是自然的，並向他說明別人是怎樣克服膽怯的。向他建議：經常向自己說一句自我激勵的話；你還可以告訴他，應當每天早晨或在其他時間裏，多次重覆「我行！我行！」這樣的話。

倘若他處在需要積極大膽行動的特殊環境中，而他又感到膽怯時，他更需要這樣做。在這種情況下，你要他向自己說出「立即行動」的警句，使自己行動起來。

另外，當你發現行銷員有欺騙的行爲時，就應該找他談一次話。倘若這位行銷員願意改正，那麼，首先你可以告訴他，別人是怎樣克服這個毛病的，並給這位行銷員一些勵志的書籍；其次，你要他在銷售中，重覆地對自己說：「要誠實！要誠實！」尤其是在特殊的環境中，他被引誘成爲欺騙的人或進行了欺騙時，他更要有勇氣面對眞理。我相信你應該不難理解這個方案，這對你管理公司是非常有用的。

在對待自己的下屬時，信任是很能鼓勵他積極工作的。當你對你認爲優秀的員工抱有信心時，他就會成功。但是你要正確地理解什麼是信任，要知道它是積極的，而不是消極的。消極的信任沒有力量，就像不能觀察的眼睛的視力沒有力量一樣。你必須運用積極的信任，必須說明你的信心，告訴他：「我知道你在這個工作中是會成功的，因此我和別人承擔了保證你成功的義務。我們都在這兒等待著你的成功。」

就像我常常給你寫信一樣，信也可以表達信任和鼓勵。現在你能夠用一封信來表達你對別人的信任，我相信，信件是表達個人思想和激勵別人的極好的工具。所以，我希望你能多寫信，不只給我或其他的親人，還包括我們的員工。我們公司的員工遍及全國各地，甚至世界很多地方，你不可能經常到每一個分公司和部門去和他們交談，所以，寫信是很有必要的。

任何人都能夠寫一封信，提出建議，影響收信人的下意識心理。當然，這種建議的力量取決於幾種因素。當你多年後成爲父親時，我的孫子或孫女遠在外地上學，你就能使用信件，這是你用別的辦法所不能完成的效用。

因爲，在信中你能夠做到：第一，塑造孩子的性格；第二，討論一些問題，這些問題在面對面的談話中也許不容易啓齒，或者即便涉及，也不會花費時間去討論；第三，表達你內心的思想。

現在的孩子也許不大喜歡接受別人口頭上提出的勸告，因爲當時的環境以及情緒，不利於他們這樣做。但是，他們也許接受在書寫端正、語調親切的書信中所提出的勸告。倘若這封信寫得措辭恰當，它就可能被孩子們經常地閱讀、研究、消化。

現在你在公司可以獨當一面了，作爲公司決策者之一，你對員工或部門管理者寫封信，要恰當和符合身份、恰倒好處，才能激勵他們打破以前的銷售記錄。同理，一位銷售員一旦寫信給他的經理，他也會從這種激勵的工具中受益不淺。

你常常和我通信，你是知道的：一個人要寫信，就不得不思考，寫信人不得不把他的思想反映到紙上。在指導員工對某件事做出答覆時，你不妨在信中提出一些問題。

世間的父母總是激勵著自己的孩子，希望他長大，成爲人中的棟樑之材。拿小時候的湯瑪斯來說，當這個孩子感覺到他是完全沉浸在溫暖而可靠的信任中時，他就會作得很卓越，他不會絞盡腦汁地去保護自己免遭失敗的傷害，而是全力地探索成功的可能性，他的心情是舒暢的。信任已經大大地影響了他，讓他把自己內在的最美好的東西發揮出來，這種信任，也就是包含有一種無形的激勵在其中。湯瑪斯的母親造就了湯瑪斯。因爲她深厚的愛和不可動搖的信心，激勵著湯瑪斯努力成爲她相信能成爲的那種孩子，這就是激勵的作用。所以，你要能夠用信任的方法激勵員工，當你去激勵別人的時候，你要使他們建立自信心。

我還要補充說明一點，關於激勵員工，落到實處來說，如果設置合理的職位、確定適當的人選、授予必要的許可權是調動積極性的前提條件，那麼激勵下屬則是調動積極性的具體手段。激勵的方式複雜多樣，因人、因地、因時、因事而異。現在有必要說明的有以下兩點。

一般認爲高層次的需求以低層次需求爲基礎，低級需求滿足以後，便不再成爲激勵產生的原因；在眾多需求中，又以最主要的需求爲最有效的激勵因素。

人的各種需求同時存在，缺一則不可構成激勵。而且各種需求往往形成一個有機的整體，很難將其劃歸某一需求層次。那種認爲在今天或將來生活條件普遍提高的情況下，人們更多地只是考慮精神方面的滿足的想法是不切實際的。

我和你討論激勵問題，是要你樹立堅強的個性和積極的精神，讓你找到一種力量引導你行動，從而讓你獲得更大的成就。要是你知道某些原則可以激勵你自己，那麼你也就知道這些原則同樣可以激勵你的員工了。同理，爲了激勵你自己，你要努力瞭解激勵別人的原則；爲了激勵別人，你又要努力瞭解激勵自己的原則。

在此，你首先要做的是：養成用積極的心態激勵自己的習慣。所有成功的管理者都懂得激勵銷售員最有效的方法之一，就是親自到現場，和銷售員一起勞動，給他樹立榜樣。

在肅州，有我們公司一些優秀的員工，有一次我下去檢查工作，我聽到一位行銷員抱怨說：他在西奧克斯中心已經工作了兩天，然而一份合約也沒有簽訂，他認爲在西奧克斯中心進行銷售是不可能的，因爲那兒的人是荷蘭人，他們講究宗派，不想買生人的東西，並且，這片土地歉收已達幾年了。

儘管他這樣說，我還是建議我們第二天就到那兒去做生意。第二天，我們驅車前往西奧克斯中心。在車上，我閉著眼睛，放鬆身體，靜思默想，調整我的心理狀態，我持續地思考如何我將能和這些人做成生意，而不去想爲何我不能和他們做成生意。

當時我是這樣想的：他說他們是荷蘭人，講宗派，所以他們不願買我們的東西。這有什麼關係？倘若你能將東西賣給一族人中的一個人，特別是一個領袖人物，那你就能賣東西給全族的人，現在我必須做的就是要把第一筆生意做成，就算要花費很長的時間和精力也值得。

另外，他不是說這片土地歉收嗎？這也是好事，因爲荷蘭人是非常傑出的人，他們十分注重節約，做事認眞負責，他們需要保護他們的家庭和財產。他們很可能從來沒有從事過其他的金融業務，因爲別的行銷員也許跟和我一起開汽車的那位行銷員一樣具有消極心理，從沒有向他們交涉過金融業務。要知道，我是向他們提供一種低風險的賺錢門路。

當我們到達西奧克斯中心時，我首先進了一家銀行，找到他們的經理，瞭解了很多情況。然後我很眞誠地去找到荷蘭人中很有威望的邁克先生，順利地把事情辦妥了。

爲什麼在同一個地方，面對同樣的人，其他人的沒有成功，而我的卻成功了呢？實際上，他沒成功的原因和我成功的原因是相同的，除去一些別的東西外。那位行銷員說他不可能售給他們保險單，因爲他們是荷蘭人，並且有宗派觀念。那是消極的態度；而我知道他們會和我合作，因爲他們是荷蘭人，並且有宗派觀念，這是積極的態度。

還有，他說他不可能售給他們保險單，因爲他們己歉收達幾年，那是消極的態度。我知道他們會買，因爲他們己歉收達幾年，這是積極的態度。我們之間的不同，就在於消極的態度和積極的態度之間。

我告訴你這件事，是要你知道，無論做什麼事，都要有迎難而上的勇氣，並要有一定達到目的信念，學會用積極的態度從事工作。我在那位行銷員失敗的地方成功了，可以說，我同時用榜樣激勵了他們。

孩子，我之所以要對你說那麼多，不只是要你子繼父業，最重要的是要你在失敗中成長，走向成功，從而獲得你所尋求的東西，比如智慧、品質、幸福、健康這些甚至比我們家族財富更重要的東西。

你的父親

約翰・皮爾龐特・摩根

13 如何度過暴風雨

開始經營事業時，一定要有大膽周全的計畫，而且要強而有力地實行。用一個觀念武裝自己，面對事業的變幻無常，你必須做最壞的打算。

親愛的小約翰：

最近，你看上去似乎心事很重。首先，我想對你說的是，不管出了什麼事，公司裏的也好，你個人的生活也好，要處理好事情，必須先保持一種良好的心態。還要記住一點，就是你的父親永遠站在你的一邊幫助你。

我知道我們的好幾種產品的銷售情況不是很好，你是不是一直在爲這件事憂慮？其實，我也很擔心有一天他們會被擠出市場。但是，遇到事情時，千萬不能自己先亂了陣腳。我建議你先把事情的狀況及發生的原因弄清楚，再作打算。先查查損益表，把這幾種商品的營業收入減去總成本，就可大體知道損失的情況。我想雖然不理想，但也不至於很慘重。

「爲了將來，我們做了哪些準備？」這是遇到這種情況時，你應當首先問自己的問題。在這一方面，我成功的經驗雖然不多，但卻有不少失敗的教訓。對於如何度過暴風雨，我還是有把握的。我相信，人生的苦難可以磨練你的意志，幫助你度過逆境。我確信，人類越是在面臨重大困難時，越能發揮他們的潛力。

讓我們來談一談銷售額減少的問題，鑒於目前這種狀況，必須對銷售部門進行一定的調整。營業額降低了20％，利潤減少了，這時要先裁員，然後調整每個員工的工作，工廠也必須如此。因爲生產規模縮小了，也就不必雇用那麼多人了。經營企業就如同在打仗，挖戰壕是常用的手段之一。在戰略上，它具有和企業成長同樣程度的重要性。事實上，挖戰壕更需要經營管理的能力；而成長則是一種自然的狀態，屬於一種基本的變化，和部隊重新編制去奪回失地的情況是不一樣的。

我們現在面臨的問題，是對現實勢態究竟該做好怎樣的防禦，這在一定程度上要看公司的成長構造。當我們在製作成長計畫時，常討論到固定費用和變動費用。固定費用是無論銷售額有多少都必須支付的費用，包括土地、建築物資金、資產折舊、貸款利息等；變動費用則隨銷售額上下波動。因此，先讓固定費用盡可能的縮減。若不需要使用土地或建築物，可否出租給別人？是否可以賣掉部分的設備？現有的管理人員是否稱職？更重要的是下一次再作擴張時，首先應慎重考慮那些錢能否回收，收回的難易程度如何，這是防禦的方法之一。

隨著年齡的增長，我深切地感受到，人平常無論多麼小心地應付問題，仍然會碰到困難，這就是人生。你一定要有心理準備克服眼前的困難，這樣你才能夠將競爭對手遠遠落在你後面。

在我當初創業的時期，每天都有好幾家公司由於自身的基礎不穩固而倒閉。鑒於此，我就採取了多元化的經營策略，而且一直堅持至今。從一個公司，到如今的七個不同型態的分公司，正是因爲這個緣故。如果當初我只發展一家公司，讓它不斷成長，一定比現在的規模大得多。大家一定會這麼認爲，可是我卻不這麼想。我認爲多元化經營安全性比較高，即使一個公司失敗了，其他的公司仍然可以獨立經營。

企業應當做好這樣的準備，即在遇到困難時，該怎麼籌措資金。我常對你強調過，不能借太多的錢，只要夠用就可以了。如果你的借款超過了你能夠負擔的程度，遇到運氣不好時，問題就嚴重了。在你困難時，你能夠籌到多少需要的資金，這件事要在平時就確定下來。而每次借了錢一定要按期歸還。要常問自己：「如果把錢借來，當發生了嚴重影響還債能力的事情時，我要如何生存呢？」

像我們這種多元化經營的公司，要把自己從逆境中解救出來，通常的做法是把一個分公司或某種資產賣掉，我就是這麼處理的。因爲我們的目的並不是要改善公司，而是要創造更多的利潤。這是一種很痛苦的決定，但有時卻不可避免地要這樣做。

克里斯汀・鮑韋曾說：「在你開始經營事業時，一定要有大膽而周全的計畫，並且要強有力地去實行。」當你決定做一件事時，既要有膽量，也要時常想到有備無患。爲了應對事業變幻無常，你必須做最壞的打算。

你的父親

約翰・皮爾龐特・摩根

14 冒險的誘惑

> 我們往往對於賺錢之事，可以在三十分鐘內舉出所有的肯定面，卻忽略它的否定面，結果造成長年的遺憾。但同時又是「不入虎穴，焉得虎子」。

親愛的小約翰：

在面對賺錢之事時，我們往往可以在三十分鐘內詳列所有的有利因素，而完全忽視了它的不利的方面，最終造成長久的遺憾。我不知道你對這件事是怎麼想的，我很擔心你會在這樣的機會面前，禁不住冒險的誘惑。

就拿你的朋友哈羅特爲你提供的那個「美好」的賺錢機會來說，哈羅特和那幾位朋友興致勃勃地估計賺錢的前景之後，就確信這項事業不管從哪一個角度來看，都一定能夠獲得成功。換句話說，他們認爲這個計畫萬無一失、完美無瑕。不過，那個行業似乎與我們這一行相隔甚遠，而且，據我所知，他之所以邀你合夥做生意，好像是由於看中了你我已經事業有成這件事。這使我不由得猜測你的朋友們與你合夥的眞正目的，是以我們的利益爲代價，去支持他們自己的新事業。

在你高興地計算投資這項事業將能獲取數百萬的暴利之前，讓父親先告訴你兩、三件事，這也許可以幫助你避免造成難以計數的損失。

我很想瞭解哈羅特和那幾位工程師，邀請你加入如此冒險的事業的眞正原因，因爲他們那項計畫，是關於以大型建設設備的服務爲目的的、高度專業化的技術方面的，那種事業與我們相差得太離譜了，以你個人的知識和技術，對那些根本不瞭解。

我並不想限制你充分發揮才幹的機會，但是我不得不承認，一聽到這件事，在我的腦海中最先浮現的，就是我們家的財產。因爲，當一個人在盤算新事業的階段，往往都能夠靈活地解決製造及銷售方面的問題，但是到了籌措資金、將計畫付諸實際的時候，就傷透腦筋了。最後，還是得承認這是一個金錢萬能的世界。

就算這項計畫非常穩妥，有成功的把握，那麼，如果要以靈魂去抵押數百萬的資金，誰去經營這個事業呢？顯然一定不是你，因爲你並不具備經營那項特殊事業的技術和資格。況且，你如果把相當的精力和時間投注在其他的事業上，那麼要增加我們公司的效率和利益就勢必非常困難了。事實上，以你目前在企業界的經驗來說，如果想腳踏兩條船尚顯不足，到那時我們公司的效率及利益恐怕有可能會降低了。

於是，在你們那家剛成立的公司尚無力雇用幹練的職業經理人的情況下，必然會由哈羅特掌權，你是怎麼認爲的呢？我想，哈羅特會利用你的金錢，而讓你站在遠處。假如哈羅特做任何事都毫無差錯的話，這倒不失爲一個很好的安排。以他三十二歲的年紀，無需借助任何企業訓練和經驗的情況下，能夠本能地掌管企業經營，或許可以說是一位罕見的青年英才。只是，我並不認爲會這樣。

或許你投資十個像這樣的事業，會有一個成功。然而，在你投資九項事業而傾家蕩產之前，確定能找到一項成功的投資事業嗎？

除了他們要你參加一項我們外行的事業外（即使我們或多或少對那行業有些許認識，也可能會有風險），哈羅特與那些工程學系出身的朋友們，完全沒有一點經營企業的經驗。在這種事實下，必須有第一次的合夥經驗，才能瞭解彼此的另一方面，這種代價也未免太大了。

也許，你將成爲四位共同經營者之一吧！那麼你是出資人，哈羅特是董事長，查理負責銷售，富萊特則負責生產。最初，四個人可能會奉獻性地努力、全力以赴。只是，時日一久，四個人當中或許會有兩個人於半途失去了奉獻的意願。即使是一項成功的事業，也可能會不可避免地發生這種情況。於是工作變得非常辛苦，每週忙碌七、八十個小時的重擔一旦壓垮了某人或某人的妻子，結局的陰影便悄然而至了。

「查理那傢伙，每天花三小時享受二百美元午餐之際，我還在此埋頭苦幹呢！」

「我今晚爲什麼要加班，他們不是在飲酒作樂嗎？我所賺的每一塊美金中，倒有四分之三跑進了他們的腰包！」

緊接著，他們也開始對你不滿：「爲什麼我們賺的一塊美金要分他兩毛五呢？他不是什麼都沒做嗎？」

人總是健忘的。當初你爲了使這家公司成立而貢獻的資金，他們永遠也不會心存感激地想起這檔子事。因此，你將會很快地被合夥人問及：「你現在到底爲我們做了些什麼」。

如果你執意參加他們這項合夥事業，我想我們必須按照程序，做幾件有助於減輕將來痛苦的事。目前，對你最爲有利的，就是你瞭解他們誠實、聰明、勤勉的程度。依我之見，你最好與他們詳談前述所列舉的否定因素。關於你所投資的經費、所做的犧牲，以及必須長期忍受的無聊工作等現實問題，還要有心理準備遭受困難。因爲，除非這項新事業的確與眾不同，否則勢必要拼命努力才能期待成功。你不妨將想法整理成書面資料，那麼即使企劃於半途流產了，至少對方會承認你的警告是值得尊重的。

此外，對於共同事業股份的分配問題，也要認眞地考慮。據我分析，哈羅特跟你平起平坐，至於查理和富萊特雖然有其重要性，畢竟不是扮演領導者的角色。可是每一個人都希望自己能擁有或多或少的事業所有權（否則，怎麼期待一本萬利呢），所以倒是有若干個使大家都稱心如意的方法。哈羅特可能會贊成由你們兩人擁有大多數股份的想法。比方說，與你平分80％的股份。到此爲止，一切還不成問題，這時你應發揮一向有的穩健作風，以免將來後悔莫及。你也必須告訴查理與富萊特，他們倆所持有的股份將各占10％，在這個時候，絕沒有攀論交情的餘地。因爲交情對於事業而言，無疑是一種破壞性的、不理智的因素。然後，將稅前一年總盈餘的30％分配給他們三人；換句話說，即一人得10％，這將對每一位合夥人產生兩種刺激：一爲持股（一般而言，於事業發跡及負債償清之前，不會發現這只不過是個稍縱即逝的夢想而已）；另外，爲每年所支付的利益分配（我們期待它是一種努力的報酬，實際上往往是以拿到的現金去支付）。

爲了盡可能避免將來發生糾紛，你最好召集你的三位合夥人、會計師及律師，共同評估你每年所持有的股份。一旦將來有人對其他合夥人主張，他所持的股份應具有更大的價值時，那麼與此人解除合夥關係，將會與離婚一樣麻煩。因此，爲了預防將來有人賣掉自己的持股，必須規定每年都要進行例行的持股評估。這樣，即使想要抽身而退，也能確知自己的財產狀況。

關於這一點，我絕非「信口開河」，因爲我很清楚，支撐那項事業的是你的資金，所以務必要選定會計師和律師爲你主張。如此，你對於自己的資金及合夥人的資金，就能夠作某種程度的控制了。

你我共同經營的事業，目前正在勤勉和友愛中欣欣向榮的成長。倘若你一定要投身冒險性的事業，我只有深深地希望那項合夥事業也同樣充滿著勤勉和友愛，並祝願你能夠一切順利。最後，我想對你說：「不入虎穴，焉得虎子。」

你的父親

約翰・皮爾龐特・摩根

15 金錢的感覺

> 金錢有兩種用途：一是從事投資，賺取利潤；一是用於享樂，揮霍無度。企業家的工作是創造更大的財富，絕不是把財富隨意揮霍。

親愛的小約翰：

我一向很少批評你，不曾在哪些方面限制過你，因爲我不想把你束縛在我的模式之下。但是最近發生的一些事，讓我感到很擔心，使我覺得有必要寫這封信給你，就金錢方面的問題跟你交流一下。

這件事的起因，是會計室曾請我承兌兩三張清單，這件事使我深感疑惑。你那一筆巨額的招待費，像是招待了王公貴族似的，但在我的印象中，我們的客戶裏並沒有什麼王公貴族。那麼，是客人要求你這麼隆重地招待他們的嗎？還是你自己染上了奢靡浪費的惡習？

在顧客或是朋友們的眼裏，你是一個非常海派的人。適度的大方是應該的，我並不認爲這是錯誤的。但是，太過於浪費，就有故意擺闊的味道了，我不認爲這是一件好事。

金錢有兩種用途：一是用來投資，賺取利潤；一是用於享樂生活，無度揮霍。錢可以買來賞心悅目的家具，也可以買來一夜的酩酊大醉，而不必考慮明天的生活。我最擔心的事情就是：不知道錢的正確用途，以爲充闊佬、出手大方，就能博得其他人的好感。

你一定知道第一印象的重要性。但是，去豪華飯店招待新客戶，固然是體面而且很快樂，卻不見得能讓客戶留下良好的第一印象，對於這一點，你是否認眞考慮過呢？事實是，顧客已經實地參觀了我們公司，也接受了一百美元的用餐招待，他們決定怎麼做，心中早已有數了。你應該做的事情是充滿自信地與他們談生意，而不是把你的錢包（實際上也是我的錢包）掏空。

另外，你是否明白，你這種花錢如流水的奢靡態度，很可能使許多顧客對你敬而遠之。因爲他們會想，你手中的錢正是從他們身上賺走的，甚至還會懷疑你賣給他們的價錢是不是太高了？如此一來，他們不免考慮以後是否仍要和你做生意。而你爲了和他們繼續保持業務往來，必須付出加倍的努力，跟別人競爭。

讓客戶明白我們公司的財務實力雄厚固然重要，但是浪費金錢卻會被人認爲是愚蠢的行爲。企業家的工作，就是利用現有的資金去創造更大的財富，絕不是把財富無度地揮霍掉。一個奢靡揮霍的人，非但不會得到受益者的尊敬，反而會被他們在背後譏笑爲傻瓜而不願與他交往。

在某種意義上講，貧窮也可以成爲人的一項資本，對此我深有體會。每當我追念過去，我會非常感謝上帝，他賜給我了這項你未曾有過的資產。你一定想像不到，在我幼年時，家境是如何的清寒，有時過著三餐不繼的日子。在我的故鄉也有一個富翁，他的生活很富裕，無論是住宅、轎車、服裝，都是一流的品質。每當給慈善機構捐款時，他也總是捐錢最多。我決定詳細觀察他賺錢的方法，於是我聽到了許多關於他的傳聞：他是一個很難相處的老闆，對員工要求非常嚴格，即使是十美元的利息，也要壓榨得分毫不剩，因此許多人稱他爲「頑固而吝嗇的富翁」。如今我回想起來，事實並非如此，這完全是由於別人嫉妒他的成功，而幻想如果自己一旦富有起來，絕不會這麼做，所以隨便冠上那些惡意的評語。

在這個小鎮，那個富翁猶如生活在玻璃缸裏的金魚，他的一舉一動全部成爲大家矚目的焦點，與他有關的消息，就是全鎮人茶餘飯後的話題。我曾見過那些在他背後把一件小事添油加醋、大肆渲染的人，卻在教會裏對他阿諛奉承，說他「氣色很好」、「是一個成功的企業家」、「待人和藹可親」等等。但是，他從來不被這些虛僞的讚美所蒙蔽，他會以親切的言詞，同樣讚美他們的帽子、鬍子或準備的茶點。他很清楚這些人如何覬覦他的財產，如何在他背後散播一些無聊的話，但是他不把這些事情放在心上，在每個禮拜一上午，再回到工廠裏，讓機器轉動，讓錢財滾進他的口袋。

我的母親常說這樣的一句話：「任意讓小錢從身邊溜走的人，一定留不住大錢。」現在想來，她的話非常有道理。我想對你說的是，金錢可能爲你帶來虛僞的朋友，他們圍繞在你身邊，不斷給你灌迷湯，使你迷失了自己。我的那些朋友都是從小就結識的，他們的友誼絕對不是建築在金錢上面的，況且他們本身也小有資產，所以你不必懷疑他們。主要是你，你從小生活在富裕的家庭裏，身邊的朋友，哪些人是眞心對你，你必須仔細觀察。

大家都喜歡和有錢的人交往，這是人之常情（至少大部分的人都是如此），也許是因爲和有錢人交往，可以享受到他們不曾享受過的東西。你的朋友當中，一定不乏這種人吧。對於那些因爲你的家境富裕而想成爲你的朋友的人，你必須提高警覺。另一方面，有些正直的人，爲了避免你懷疑他的居心，而和你保持一點距離，只維持純粹的友誼，你也千萬不要忽略了他們。這些人通常都不會主動地發邀請函或招待券，請你出席某次宴會，但是，看到你的出現，他們總是滿心歡喜，親切地和你寒暄問候。這種心理很微妙，也許他們是不願意讓別人誤會他們故意和你沾親帶故。

得到一個眞正的朋友不容易，而想要失去一個朋友卻非常簡單，最有效的方式便是借錢給他，不過你千萬不要嘗試。切莫答應朋友借錢的請求，他若是眞的需要錢，大可以向銀行貸款。要知道，借錢與否，並非用來衡量友誼的天平，這是千古以來始終不曾改變的事實。相反的，假如你的朋友遭遇困難，你可以自動伸出援手，如此非但不會損害你們的友誼，他反而會心存感激；當他有能力時，必定會償還這筆款項。你們的友誼也會歷久彌堅。

金錢不能作爲選擇人才的標準，請你牢記這一點。狄米斯·托克斯爲他的女兒選擇終身伴侶時，從不考慮對方的家產，他寧可挑選貧窮但是人品好的人，而不選擇家財萬貫、但是人品不好的求婚者。

我對於自己白手起家創出今天這番事業，頗引以爲榮。請允許我的自鳴得意。現在，你加入我們工作的行列，應該格外珍惜這份福氣。

你若想做出一番大事業，引人注目、受人尊敬，就必須拿出成績，爲公司開創出更加蓬勃的新局面。否則我將拿一把鎚子，敲打你因充滿傲氣而鼓脹的胸部，直到你俯首承認自己只是一個普通人物爲止。我這樣說，並非要禁止你爲自己小小的成功舉杯慶祝。你可以在不過分鋪張的情形下，和親密的朋友互相祝福。如果你能夠這麼做，那麼當你失敗時，也只需向這幾位朋友傾吐，而不必公諸於世。

我經歷過窮人和富人兩種極端的身分，因此可以很明確地告訴你，做一個富有的人當然是比較好，但他們通常會感覺孤獨。因爲當你擁有大批的財產以後，要尋找一位正直、忠誠的朋友，將是非常的困難。

財富有時可以看成幸福的代名詞，處理得當的話，你將從金錢上獲得莫大的快樂。人一生的喜怒哀樂，幾乎都圍繞著錢財打轉。有了錢，你可以享受世上許多美好的事物，但也因爲有了錢，周遭的親朋好友似乎變得別有企圖。得失之間，全憑個人的感受來衡量。

聰明的人，較容易成爲富者，但是，一旦變得富有，就會流於愚蠢（他的妻子也會變得愚蠢），這種現象隨處可見。他們把辛苦攢來的錢，在短時間內付之東流的原因，不外是投資失敗、揮霍無度。

財富原本就是讓人享樂的工具，我並非要你做個一毛不拔的守財奴，你應該當用則用、當省則省，不需爲一分一毫傷神（你母親就是一個凡事考慮太多的人），因爲沒有人可以清楚地記得每一分錢用到哪裡去了！

公司裏有幾件事，你必須銘記在心：即使是一分錢，你也要格外珍惜，當成一粒種子，播種後，辛勤地耕耘，並借助上帝的照顧；到了第二年，這分錢就可以成爲二美元，這個道理就是積少成多、積沙成塔。當然，要等到成長至十萬美金，甚至二百萬美金，還有一條漫長、崎嶇的道路要走。

金錢也像種子一樣，能夠成長繁殖，你的信用會因資金充裕而變得更加鞏固，為了及早推動計畫，你必須有良好的信用作為憑藉。倘若你一文不名，那麼要向別人借錢，將會是一件難如登天的事；反之，如果你自己已經擁有一百萬美元，再要向別人借一百萬美元便易如反掌。公司員工待遇的改善、工廠設備的改良，也都需要資金，所以，切莫輕易讓一分一毫從你手上流失。

要積蓄一筆資金，需要長久的時間，但是要將這筆錢花掉，卻只需一眨眼的工夫。如果有一條能賺入一美元的門路，你必須腳踏實地、按部就班地進行，千萬不要投機取巧，另闢捷徑。要知道，通往成功之路非常之少，而且每條路都相隔甚遠，你一旦覓得了其中一條，就必須站穩腳跟，堅持到底。有不少這樣的例子，當人們從某一項事業中賺取了利益時，就得意忘形，自以為是天才，想要再開創另一番事業，於是遠離了當初致富的途徑，最後終至把以前積存下來的產業都賠了進去。這些人失敗的原因，就在於誤以為自己能夠點石成金、移山填海。

如若你不愛惜金錢，任意讓它從身邊溜走，那麼我要告誡你，在這個世界上，需要我們伸出援手的人不計其數。從你上個月的清單來看，你交際費的數目之大眞令我吃驚，你似乎快要沉淪於金錢的大海中了。

《聖經・新約・提摩書》中說：「金錢是萬惡的根源。」傳道書中也載有：「酒肉、聚會令你歡笑，但是金錢帶給你更大的滿足。」對於這兩種說法，我都不能苟同。我認爲金錢和常識、親切、勤勉、愉快、歡樂都有關係，也希望你能依照我們家的傳統，謹愼考慮錢的用途。

要知道，信用比巨額的錢財更寶貴，所以，下一次的晚宴、派對，我希望你能堅守信用。你必須妥善保管自己的錢包，更須小心處理公司的財務。名譽和財富，很可能是稍縱即逝的裝飾品，但是信用卻是你一生幸福的支柱。美滿的家庭、健康的體魄、眞誠的友誼、忠實的員工、眞摯的愛情以及受人尊敬，這些都是用金錢買不到的寶物，而且一生受用不盡。

你的父親

約翰・皮爾龐特・摩根

16 保持生活的平衡

成功者應該是：面對問題能夠做理智的交談、結交朋友、保持身心健康、信守中庸的人，而且他們有才能、有寬闊的視野，不過卻很少有人有機會得到這種恩賜。

親愛的小約翰：

我發現你最近留在公司和客戶那裏的時間越來越多。看到你爲了公司的發展兢兢業業地工作，我由衷地感到欣慰。但今天我想對你說的是，如果有些時候，對每天上班感到厭倦，對工作失去了興趣，那也未必是什麼壞現象。

爲了讓我們的每一家公司都能夠維持良好的現狀，作爲領導人的你必須每天出勤，但是未必要事事躬親。因爲你不可能有那麼多時間，最主要的是必須讓多才多藝的員工各盡所能、發揮所長。

爲了擁有優秀的管理團隊，領導人的當務之急，是必須爲公司的各個部門選擇優秀人才去管理，我想對這一點我們公司已經實行了。領導人的第二任務，也正是你自己的任務，就是傳達意見，也就是說，在你和開發商之間、你和客戶之間以及你和員工之間，謀求彼此意見的溝通。

如果你能夠妥當地分配時間，你就能夠勝任這項工作。通常情況下，每週完成這些工作，例如參加開發專案研討會、選定新工廠或特別的設備、設計新產品，或者制定下一季度的成長計畫等，需要利用二十個小時的時間，剩下的二十個小時，你就可以自由運用了。

談到領導力的時候，你可能會發現，很多人以二號人物的身份，很漂亮地完成了任務，理由很簡單，因爲他們的能力只能坐第二把交椅，欠缺擔任首腦所必須具備的天分。有不少人爲了維護自尊，硬著頭皮接下不適合自己的、職責過重的領導人職位，其結果就可想而知了。

頭號人物必須有才能、視野寬闊，不過，具備這些條件的卻又很少有人有機會得到這種恩賜。你一定注意到了，我至今仍在讓你做一些討厭的事，其實我這樣做是有目的的，主要是爲了擴展你的視野，開拓更寬、更遠的思想，以使你具備完美的實力，來接任董事長的職位。現在這一天終於到來了，你有新的任務在身，不過我還有個請求（我已經不能對你下命令了），希望你能夠繼續努力不懈，爲了配合公司的動向和步調，希望你繼續利用每一個機會。如果你辦不到，我也不能期待我們的公司今後還能維持今日的繁榮和高度的競爭力了。

說到這裏，讓我們來回想一下你晉升之前，我們曾經一起討論過的種種問題吧，這將會對你十分有用。

你在上大學以前，打算只選修與企業管理有關的科目（當然包括訓練酒量），不久，你發覺有必要加強本身的修養，於是在研讀企業管理、財務的同時，又選修了經濟學、政治學、產業關係、英語、歷史，甚至天文學。當你畢業了，除了會整理、分析財務報表之外，還儲存了廣博的知識。

讀大學期間，考試逼得你不得不埋頭苦讀，你看的書的確已經夠多的了，卻沒想到畢業後，你的主管（就是我）卻擺了好幾本書在你的書架上。我沒有其他的意思，只不過是希望你能繼續完成最重要的自我教育罷了。亨利·大衛·索洛曾經說過：「有許多人讀了一本書，就荒謬地以爲能夠藉以打開生命中新的篇章。」是的，你不可能指望讀了一本書就能改造生命，否則，你就徹底完蛋了。因爲任何一本書都在揭開今天複雜的社會眞面目，但卻只有極少數人想知道究竟，比如當你看完了克勞德·霍布金斯在《生活在廣告業》一書時，你分析了企業家精神的所有層面而感動不已，然後我們去旅行。你從十二歲就開始出國旅行，我欣慰地注視你興奮的臉龐，面對外國的風俗和習慣，一邊聽取你的感想，一邊回答你的問題。

二十年後，你對外國工商業的做法很感興趣，始終保持著周密的觀察和分析。你無時無刻不在爲提高公司的效率而學習新的事物、新的方法，外國對你來說，已經不再是神秘的世界。在某些方面，其他人確實比我們強，你一旦知道其中的道理，總會表現出希望和別人一樣的好，我爲此倍感喜悅。

的確，旅行能夠增加人的知識和見解，而這些正是管理事業的基礎。試想，如果沒有了客戶和員工，我們又能夠做什麼呢？旅行也能夠拓展你對事業管理的看法，我們公司的主要業務是投資管理，你憑藉和世界上各個角落的人的接觸，學到了應該把事業向更遠、更廣的地方擴展。

我們有很多成功的會議，大多數是在獨木舟上召開的。讓人感到意外的，你天生喜愛大自然，我們能夠一起享受那份喜悅。對我而言，沒有什麼比寧靜的森林更值得我感謝，因爲它替我整理了雜亂無章的思緒。

不知從何時起，我常在旅行中，告訴你某個問題的解決辦法。遲遲不能決定的事，或者遇到挫折的事，我把相關聯的事實一一列出，然後把問題交給你，不久就能夠一覺睡到天亮。每當在划獨木舟、垂釣或狩獵的時候，隨著時間的消逝，無意之間思緒已經被整理了，簡直是太美妙了！當垂釣或狩獵的旅行將結束時，頭痛的問題已有了解決的對策，行動的方針已經決定。那些對策大都是直覺性的解決方法，所以，沒有什麼比得上寧靜的大自然更讓人覺得成效卓著，的確，大自然是這個世界上最了不起的企管顧問。

你除了結交新朋友外，還和高中及大學時代的朋友保持聯絡，對此我感到很高興。我同意友情是無價的，能夠擁有和你分享喜悅及痛苦、互相幫忙、互訴心聲、互相激勵的朋友，是何等欣慰的事！

你很喜歡家庭生活，除了感到喜悅，你也希望它永不改變。在工作和家庭兩方面，你總是能夠適當地分配時間，使之協調，在這方面你做的還是很不錯的。踏入社會的人，對於自己的所愛以及愛自己的人，必須具有特別寬闊的包容心，太太也會努力去配合先生的步調。有許多父親每天忙於加班，挪不出時間和孩子相處，這是很悲哀的現實。

很多年輕人（有些年輕得讓人難以相信）染上麻醉藥物、酗酒等不健康的習慣，這已經是不會再令人感到驚異的事實了。當然還有更多的人放棄了學業，想到自己的將來，想到沒有人關心自己，他們也是無可奈何。一定也有許多成功的人，希望時光能夠倒流，讓自己重新來過，好拾回失去的一切！

在這個世界上，我認爲沒有什麼事比帶孩子去釣魚更重要的了。這該從他小時候就開始！目的並不在於釣到許多的魚，而是和孩子共度的時光。這些共處的美好經驗，可以使你們彼此產生深厚的友情，而這份友情會成爲你在痛苦時惟一的希望。

年輕人需要人生的刺激。當你駕獨木舟過激流，或是十八歲就開汽車時，我總是如此安慰自己，不過，你的（還有我的）冒險行爲，總是讓你可憐的母親嚇得險些昏倒！

工作之外的興趣也非常重要，如果不讓頭腦偶爾休息、輕鬆一下，就不能有效率地工作；如果一天二十四小時都惦記著工作，那遲早會病倒的。所謂保持生活的平衡，就是利用假日做自己喜歡做的事，譬如運動（你最拿手的網球，最能鬆弛緊張的神經，保持強健的體魄），或者和家人共度快樂時光。如此一來，想要打倒一直保持平衡生活的人，實在是一件難上加難的事了。因爲你的工作態度是合理的、健全的，最重要的是，你的頭腦裏沒有塞滿生活的瑣瑣碎碎。

有些人身居要位，卻總是抱怨「高處不勝寒」。其實，關鍵在於你以什麼樣的心情去面對員工和客戶，還有，在你到達頂點的途中，是否拋棄了朋友。我無法完全瞭解這種大人物的心理，權力讓他們膨脹了自我，眼裏再也容不下其他的人、事、物，當然會感到孤獨了。

或許他們自認爲是爲家人、爲全人類謀求幸福而犧牲了自己，我倒認爲他們只是在爲自己而活。我認爲那種大人物不值得感動，希望你也不要被他們的光芒所迷惑。我心目中的成功者是：面對問題能夠做理智的交談、結交朋友、保持身心健康、信守中庸的人。這種大人物才值得我們敬仰。

你一定知道，自己將成爲公司的眞正領導人。大多數的家族企業或非家族企業形態的公司，都習慣性地先晉升自己的家人。有很多董事長，正是因爲他們有對家庭的強烈的義務感和責任心，才坐到了領導人的職位，但是，如果他未能進入公司接任董事長時，就面臨重大的難題了。

爲了使你有穩定的經濟收入，也爲了預防我突然死亡，在我的內心（還有每年修改的遺囑中），公司的繼承人很早就選定了。而且，正是因爲你的努力以及儲存的知識，爲你贏得了那個注目的地位和名譽。

威廉．華茲華斯有句詩：「做個明朗地回顧昨日、並能掌握明日的人。」

我以這句詩作爲我個人對你的資質的評價。最後，我必須再附加一句：

我對你有足夠的信心！

你的父親
約翰・皮爾龐特・摩根

17 擴大事業的野心

為了不讓一位有能力的企業家無用武之地，某種程度的野心固然是必要的；可是一旦步入貪婪的戰場，再也沒有比這更悲慘的事了！

親愛的小約翰：

任何一個有事業心的人，都希望能不斷地擴大他的事業，尤其是像你這樣的雄心勃勃的青年人更是如此。你希望擴大事業，我能理解你的想法，很佩服你的膽量，也十分欣賞你的勇氣。只是，在做任何事之前，要制訂妥善的方案，要注意切合實際、量力而行。

說實話，看完你那份擴大事業75%的方案後，我心中很爲你的大手筆方案而激動。想想看，你在這個行業只有三年的資歷，就此而言，這無疑是一項頗具魄力的大計畫。爲了這個公司，你運用創造力，設計了極富野心的前景，但我無法瞭解這項計畫的依據，以及你有這種展望的動機到底是什麼?因爲，我們公司目前的業務並未百分之百地發展，只是以80至90%的能力去工作。事實上，我們的事業並未到達非擴大不可的地步。雖然我們公司有辦法較平常提高10至20%的生產力，可是假如我沒有記錯的話，過去即使你付出最大的努力去銷售，公司也僅有兩次機會將生產力提高到這種程度。

按照你的觀點，認爲我們的競爭對手之所以能夠廣接大量的訂單，在於他們有我們所欠缺的設備。我不想和你爭論這件事，不過，根據我對那家競爭公司或多或少的認識，我的看法是：首先，該公司提供本公司所沒有的若干服務這一點，在經營方針上與我們大相逕庭。本公司之所以不提供該項服務，是因爲我們不願意去嘗試某種包裝。想要接大量的訂單，必須首先開發大量的訂單，否則就很不合算。因此，對於那種特製品，我並不羨慕競爭同行的設備和他們所作的投資，因爲即使對方的銷售量能夠維持目前的水平，卻無法期望銷售量能夠繼續增加。畢竟，我們的顧客對於所販賣新產品的包裝種類，已經更加謹慎地比較過了，依目前所能夠生產的產品有四分之三、不能生產的產品有四分之一的情形看來，這種生產比率在業界已經很不錯了。

我們公司近幾年的業績，按每年大約30%的比率成長。我想，過去我們已經竭盡所能了。為了不讓任何一位有能力的企業家無用武之地，某種程度的野心固然是必要的；可是一旦步入貪婪的戰場，那將是一件十分悲慘的事！

由於種種條件的限制，目前我們仍然無法以更迅捷的速度擴展事業。即使你斷言我是一位超級保守者、懦弱者，我也仍然希望你能夠站在一名董事長的立場（暫且脫離銷售的立場），設身處地的、冷靜地檢討當前的問題。即使在目前的樂觀的成長率之下，添置新設備及擴充工廠也會將銀行最大限度借貸的資金，甚至連稅後的盈餘都會消耗殆盡。一想到銀行中的累累負債與年俱增，還能說我們在商場中已經站穩腳步了嗎？而償還借貸和支付利息，也還需要數年的時間吧！所以，我期勉你在銷售部門中，切莫停止划動手中的槳，務必努力再努力，前進更前進。

即使我們能夠克服這方面的障礙，借到充足的資金，為了確保產品的質量能維持過去一貫的高水準，勢必又會面臨著又一個問題——訓練新進的職員。你一定還記得，進公司第一天時咱們二人的談話吧。我曾向你強調，公司成功的背後，隱藏著若干因素。其中最大的因素，就是必須具備工作調度者、機械工、領班，以及幹練的一般職員。如果欠缺了其中的任何一項，你將使我，也使你自己，在半年內變得一貧如洗。

我們公司在去年增加了15％的員工，而這些新進員工多半沒有從業經驗。由於我們這一行有經驗的員工並不多見，因此對於那些以各種理由辭去其他公司的工作、轉到我們這裏的人，不得不提高警覺以防其圖謀不軌。如果他們是因爲不滿競爭同業剝削勞動，才到我們公司來工作的話，應該不會只有一、兩人吧！依我看來，他們極可能是由於某些原因，而無法在原來公司中繼續待下去了。總之，進入本公司的職員，最好自一開始就以我們的方式去訓練。要知道，讓一條老狗學習新把式是相當困難的，所需的費用也相當可觀。

當今的社會正在不斷地成長與進步，然而，有些企業家卻比較消極。他們認爲，只要所開發的新專案有了實際利潤之後，便可認爲最艱苦、最危險的時期業已過去，已經克服了償還債務，以及創業時所帶來的一切煩惱。即使失去了大量的訂單和重要職員、整批產品都被退回，也不會因而遭受致命性的打擊。到了這種地步，已可謂穩如泰山。既然事業已進入水平飛行的階段，實在無需擴展，因爲即便遭遇上述的一、兩個危機，公司也不會垮掉，所以只管放心、安穩、舒適地坐著好了。

擴充大規模的事業，幾乎可以說是要從頭做起。因此，爲了使擴大的事業步上正軌，必須開拓新客戶；爲了支付擴充的費用，以及伴隨而來的種種問題，勢必非由擴大的事業中賺取高額的利潤才行。有些企業家採取絕不使公司承擔風險的做法，於平穩中追求成長。爲了達到這一目的，必須要有抑制野心的嚴格的自制力，和我的「勿貪得無厭」的原則。

很不幸的是，事實上，有些企業家正是因爲盲目地擴大事業而一敗塗地。你也許對此感到意外，但畢竟，具有東山再起的魄力、耐力或財力的人，實在是少之又少。這或許是貸款人對於此倒楣者的判斷力所給予的警戒吧！

依我看來，按照公司一貫的方針，以不勉強自己、銀行也能放心貸款的速度追求成長，方爲明智之舉。如果只是爲了與競爭對手一較高下而盲目擴充事業，似乎有點太冒險（你也知道，我並不是一位很容易畏懼的人）。因爲我們若想以相同的產品力擠他們的特製品，自然無法跟人家競爭。事實上，我們應該以自己的特製品，從同行業的競爭者手中奪取訂單，而公司也有辦法立即應付這種訂單。

所以，約翰，將你的銷售創意朝這個方向發展如何？那麼我將滿心歡喜地加班，爲你所取得的所有訂單而努力，以遵守合同規定的交貨期限。同時我保證，生產部門必定一如既往地生產高質量的產品，使你的新客戶繼續將他們的訂單給我們。這樣的話，我們只需按目前80至90%的能力去工作便能夠應付自如了。

年輕人應該有創意，我盼望能夠一再地聽到你的創意。至於你想將公司的這班列車以超出原來120％的速度急駛，我不表示任何異議，我只祈求前途一路順暢，因爲一旦脫軌，後果可就不堪設想了。

你的父親

約翰・皮爾龐特・摩根

18 成為最優秀的領導者

領導者以果斷的態度，站在同輩前頭。領導者生來就具有領導能力，領導者面對失敗，依然認真地實施計畫，發揮自己最大的潛能，贏得最終的勝利。

親愛的小約翰：

恭喜你被同業團體推薦爲會長。以你的年齡能從眾多能幹的會員中被選出來，這表明了你出眾的才幹，我由衷地爲你感到驕傲。這對你來說是一件很榮耀的事，你現在也一定很欣慰，可是你看起來卻有點憂心。

要統領這樣的團體，你因爲太年輕，難免感到不安，這很正常。我想對你說的是，前任會長比你年長許多，這並不意味著你不能成爲一名優秀的領導者。過去的會長有些根本不具備領導者的條件，只不過是業界朋友捧場選出來的，而在他們的任期中，難免做出很多對業界不利的事情。以你目前在公司的地位，工作量已經夠多了，公司裏的工作一點都不容馬虎。但我覺得，你爲自己的年齡而感到不安，這一點實在沒有必要，重要的是，你能夠從這一職位中得到別處沒有的經驗。實際上，愈年輕，愈能做好工作。因爲，年輕就是力量，年輕就是本錢，現在正是你能接受大量工作考驗的最好時機，因爲你有比別人更豐富的精力以及更堅強的意志。

有人認爲，領導者生來就具有領導能力，這樣的情形的確有很多，可是你要記住，利用學習而成爲領導者的人絕不在少數。只要你肯學習，你就能成爲會計師、醫生、護士或印地安酋長，只要你想。

一名優秀的領導者，首先要疏通人們的意見，和每個人都保持很親密的關係，和別人聯結起來，讓人們主動配合你的工作。還要以你卓越的思考力，想出實行的方法來。找可靠而有革新想法的人來幫助你，選出重要的同事，這是很重要的；其次，處理問題時要抓住問題的核心，你可以先把問題全部寫出來，並附記所有的背景。在一、兩天之間，把相關者集中起來，對問題進行徹底討論。開過會議後，你就能將原本模糊的概念整理出一種戰略和想法，再兩、三日，你便可以理出處理事情的先後順序了。

接下來，領導者要以果敢的態度，站在同輩前頭。實行計畫時，你要按順序去分配工作，由公司選出最適合的人來擔任這個任務。設置一個計畫特別委員會是非常有必要的。如果你沒有注意而疏忽了，你就會遭到失敗。

委員會最重要的當然是委員長。委員長這個職位人人都喜歡，可是很多人卻不能眞正完成使命。無論多麼優秀的領導者都可能犯錯誤，但我們不能像避免疾病一樣去避免它。當你意識到自己犯了錯誤時，應立即改正。如果有人以忙碌爲藉口，疏忽了同業團體的工作，你就應該明白地告訴他，並且巧妙地辭去他的職務（如果他能自動引退，當然更好）。你在選擇委員時，更要重視對方的經驗，如果你幸運地聘請到那些經驗豐富的人，且將他們安置在這個重要的位置上，那麼，你的每一項任務都將順利地達成。同時在遇到逆境時，他們也會引導你。我以做父親的偏愛，認爲你一定會成爲一名優秀的領導者。你說話時一定要深思熟慮（話不要說得太多）；該做的事情，一定要切實執行；這樣你就不僅不會輸給別人，而且還會樹立新的典範。

將來你一定會面臨很多的難題，你可能會想這些問題可以叫查理去做，也可以叫弗里特處理，或者讓喬治做，我勸你千萬不可存這種想法，問題必須靠大家一起商議。你也要劃清每個人的責任範圍，不管多麼困難，應該你下的決斷，不可推諉給特別委員會的委員長。前面我已經說過，遇到問題必須先抓住問題的重心，充分瞭解每一件事的每一面，而且不管哪一件事情的決定，都要由你最後進行裁決（或經由你同意）。你有時必須違背別人的意見。但你若想做一位負責任的領導者的話，這種尷尬的情形就無法避免。

你一定會遇到難以想像的慘敗，但失敗並不可怕，因爲在失敗中可以很快的累積經驗，這是在成功的過程中所無法體驗的。也許你會認爲在眾目之下，失敗是一件非常可恥的事，從而想到下臺回復到沒有責任的崗位。一個領導者的成功與失敗，就決定在這一點上——遇事能否有堅持下去的勇氣。遭遇失敗時，你首先要分析失敗的原因，對事實加以說明。其次要負責，絕不能把自己藏起來不露面，也不可消沉（向別人要求同情，不是一個領導者應該做的事），最重要的是你千萬不要失去你的幹勁。面對失敗，你要認眞地實施計畫，發揮最大的努力，這才是一個優秀而且合格的領導者。

你如果希望別人將你視爲領導者，就一定要讓你的團隊能聽你的意志而行動。切記，領導者要率先行動，才能領導別人，只要你停下來，別人也會跟著停下來。你本身的行爲，決定著全體員工能否充分發揮能力。

任何問題都具有兩面性，所以必須用兩耳去聽。我們大部分的人都不能完全掌握每個問題的所有角度。但是如果會長把耳朵或思想堵塞起來，對事情的結果有一個先入爲主的觀念，那他就不可能成爲一名優秀的會長。作爲會長，對每一個提案都要公平處理才行。這就要求你必須把握全部的事實，在全盤瞭解之後，你方能果斷地處理。領導者必須很有耐性地參加各項會議，而且細心地發問，這樣你自然就能做出非常妥當的決策。遇到困難時你要鼓起勇氣、全力以赴，得到決定時，你就會有一種成就感。如果情況發生變化，你也要有勇氣改變原來的決定，並且充滿自信。這就是優秀領導者的特質。

當了會長之後，你的大部分的自由時間將被投入工作，這不可避免地會對你的家人產生不少影響，我建議你不妨帶你的太太出外吃晚餐，然後對她說明情況。的確，來自你的朋友的誇讚，特別令人感到驕傲。而更重要的是向困難挑戰，在克服困難以後所得到的個人成就感，會令你覺得你這次任務特別有意義。

你做會長做得成功與否，可由一件事體現出來，那就是在你任期滿了以後，你所進行的計畫，繼任者是否繼續做下去。

另外，如果同事們極力誇獎你的努力，你這時要謙虛地對他們的誇獎表示感謝，人眞正的性格，往往就在接受別人的贊詞中體現出來。

現在，你把大部分的時間都花在公司裏，又爲了行業的發展付出了很多時間，從事沒有報酬的工作。在你卸任會長的那一天，當你要回到董事長的位置上時，我敢說即使升你20%

的薪水，你也還是會有一些失落。

因爲，你所學到的經驗、獲得與處理資訊的能力、人際關係及對行業的整體認識，這些都是你擔任會長工作時所得到的報酬，這是薪水所無法交換的人生財富，具有薪水無法替代的價值。作爲優秀會長所帶來的成就感，也是董事長的職位所無法給予你的。

你的父親

約翰・皮爾龐特・摩根

⑲ 讓你的演講充滿魅力

如果你在事前有充分的準備、無懈可擊的草稿、豐富而詳實的內容，你就可以充滿自信地站在講臺前，經過一兩次後，你就不會再感到緊張了。

親愛的小約翰：

獲悉你的母校邀請你返校，爲你年青的學友——即將踏入社會的應屆畢業生做報告，這是很榮幸的事。我知道以後，打心裏爲你感到驕傲。想必你在讀大學期間，一定很受教授們青睞（這一點，從你以前的成績單上就可以看出來，而我卻望塵莫及）。

我想像，你在剛接受這項邀請時，心裏一定得意洋洋。不過，現在當你恢復平靜以後，是否對這項光榮的任務感到忐忑不安？

我不知道在你步入社會以後，對於行業的看法，與你在讀大學時的看法是否有什麼不同？這種體驗是你的個人財產，我不得而知。我記得你曾經說過，原先沒有想到過要在父親這樣難纏的老闆手下工作。我在這裏想提醒你的是，其實大部分的主管都是很討人厭的，這一點可能是在校的大學生們沒有預料到的，你可以順便告訴他們。

演講體現了一個人的綜合能力，你在這方面的功力如何？我不敢肯定。但我知道你至少具備了優秀演講者所必需的幾項最基本的要素：

第一、一張能言善辯的嘴巴；

第二、一副冷靜而睿智的頭腦；

第三、一雙強壯結實的腿（至少上次看見你時，你的確如此）。

首先，我們來談一談嘴巴。張口講話這很容易，但如何能把話說得得體、漂亮，卻是要下一番工夫的。發音要有技巧，咬字應清晰，用詞遣字必須簡單易懂，這些都需要經過再三地練習。但是，也有人從表面上看條件都具備了，惟獨內容乏善可陳，使聽眾感覺不知所云。所以，內容是否得當？音量是否適中？發音是否正確？主題是否鮮明？每一方面都需兼顧。

你必須儘快擬好演講的草稿，因為接下來練習說話的工作，會占去很多時間，你先委託別人過目你的演講稿，幫你修正不妥當的地方，經過幾次的推敲琢磨，草稿完全修正以後，再進行說話練習。你可以站在書桌前（或者是寢室的化妝鏡前）練習。不管你以什麼代替麥克風，但距離都不要超過六至八英尺，否則你的聲音就會忽高忽低、忽左忽右，很難讓人聽懂。此外，你要把身體的重量平均放在兩腿上，不要左右晃動，以免分散聽眾的注意力。就聽眾而言，他們也不希望錯過任何一句話（因爲這是一場很棒的演講）。

眞正高明的演講者還具備一項秘訣，那就是呼吸的控制。先作一次深呼吸，把一句語意連貫的話，從頭到尾說完，不要突然中斷，失去文句的完整性，也不要說得上氣不接下氣。並且要注意一點，不要說太多無關緊要的修飾詞，語句要儘量簡短，要能一氣呵成。

要想讓這次的演講成功，你就必須多多練習，面面俱到，以免到時候出了一些令你懊惱的小差錯。練習固然十分重要，但你別忘了，自己在家中練習和在大庭廣眾面前正式進行演講，有很大的差別（除非你天生就是演講高手）。剛開始演講時，你全身的神經一定會繃得很緊，但是你也無需過分擔憂，因爲這種緊張的情緒，隨著你經驗的累積，勢必日漸淡薄。目前你必須做好的事，就是練習調整呼吸、集中精神（在這一方面，我也沒有很好的經驗可以指導你。總之，你如果想做好演講，惟有多做練習，多參加幾次演講）。

我們公司有一項討論會，每次推派一位主持人負責簡報，這是最有效的練習演講的場合。在討論會上，每個人都可以把自己訓練成演講高手。所有參加的人都有一個和你相同的目的——訓練自己的口才。在那裏多練習幾次，上臺時就能做到從容不迫地開口，把以前的恐懼心理全部克服掉。

你一定也有和其他人相同的疑問，爲什麼我們在眾人面前講話，會覺得如此緊張呢？我想這種反應只是要提醒我們，我們只不過是個平凡的人。當一個平凡的人站在講臺上，鼻尖對著一隻麥克風，所有的燈光打在你身上，面對著幾百雙期待的眼睛，緊張的感覺是難免的。不過，下面的幾個方法，可以幫助你克服這些緊張的反應：

第一，將雙手放在講臺兩端，可以抑制雙膝的顫動和快速的心跳。這個簡單的動作，會產生你意想不到的效果；

第二，你可以把所有的聽眾，想像成正在聽你傾訴的朋友，事實上，他們本來就是特地來聽你演講的；

另外還有一個小秘訣，就是你不妨把注意力集中在某一個人身上。

除了上述幾點以外，記得以前我的一位朋友還曾經說過：如果你在事前有充分的準備、無懈可擊的草稿、豐富而詳實的內容，你就可以充滿自信地站在講臺前，緊張的心情自然減至最低。如此經過一、兩次後，你就不會再感到緊張了。演講完後，你所要做的就是等著聽那些令你頭皮發麻的奉承話了，這些是理所當然的回報。到這時，你已經成功地跨越了演講的障礙，每個與會人士，都是特地來聆聽你的演講、吸取你的經驗和見解的，你會有一種教化他人的成就感，這種感覺就是那些喜好講演的人的最高目標。

熟諳演講的人，絕不會說一些引起聽眾反感的話。相反地，他一定是想方設法讓聽眾明白，他正和大家站在同一條戰線上，他對於聽眾的關心和知識表示敬意。他必須在一開始時就給聽眾留下這樣的印象，並且在接下去的時間內，一直牢牢地抓緊聽眾的心，直到終了。

你是否抓住了聽眾的心，這是很容易察覺的，如果他們連一聲咳嗽都沒有，目不轉睛地注視著你，這無疑表示你成功了。如果他們一直在咳嗽，或者互相竊竊私語，或者不斷地翻書，那麼你就算再沒有頭腦也能夠發現，聽眾對你的演講已經感到索然無味。此時，你必須重新檢視，自己的努力是否足夠，並分析令你失敗的原因。

倘若你的演講特別成功，得到聽眾熱烈地迴響，你一定會感到無比興奮。如果你的演講不盡如人意，那麼你就會覺得非常沮喪。這兩種結果截然不同，其造成原因，就在於你的事前準備工夫如何？（人生所有的事，都適用這項原則。）

一名成功的演講者，一定能夠適時讓聽眾參與進去。在演講的過程中，他們總是想方設法挪出時間，鼓勵聽眾提出自己的問題。如此一來，他不僅可以瞭解聽眾的看法，還可以透過和他們交流而互通有無、增廣見聞，更重要的是，可以藉此測知聽眾對自己的見解到底能接受多少。大部分的聽眾都希望能在你的演講中學到新事物，而在聽完演講後，也確實得到他們所期待的結果。事實上，從他人的經驗中學習，是一種非常便捷的學習方式。所以，我們有時不妨閉口傾聽，這也是學習的一種好方法。

當你意興風發地接受了母校的演講邀請後，一定要做好妥善的準備，去開創一場成功的演講盛會。

父親能夠給你提供的建議也只有這些了，剩下的就要靠你去仔細地體會，認眞地準備了。我預祝你的演講取得圓滿成功。

你的父親

約翰・皮爾龐特・摩根

20 企業精神的精髓

企業家為了完成企業的使命，往往要支使很多員工工作，這些人也有權利要求從職務和工作中，感受到幸福和快樂。因此，企業家除了促使社會繁榮外，還必須使部屬滿足、快樂。

親愛的小約翰：

我發現你和我們的對手之間的怨恨情緒彷彿加深了。在殘酷的商場上，打擊你的敵人是無可避免的，這是適者生存的競爭法則。可是，有時候也不能過分的不留餘地。並且打擊敵人也要合情、合理、合法，雖然商業競爭往往不擇手段，但如果要使企業具有長久的生命力，有的原則還是要堅持的。

如果在商場上樹敵太多，被敵人群起而攻之，你自己再強大，也難免最後被別人壓垮。

那麼，你如何才能在商場避免樹立仇敵，以免遭到沒必要的報復，這是我想說的一個問題。以我多年的經驗，我認爲首先要謙虛和自信。也就是說，避免樹敵的第一點是要「虛心」，如中國的名言：「虛懷若谷，方能容納百川」。

我知道你有很多値得驕傲的地方，你對自己非常自信固然重要，但必須建立在謙虛的態度上。你在執行自己的任務時，一定要有信心，但惟有建立在謙虛上的信心，才能變成卓越的信念，把你導向成功。做事失敗的人，往往是自大而不知謙虛，以致不知不覺中陷入固執已見、固步自封的境地。

這樣的情形，越是居於高位的人越是要特別注意。因爲身爲高層管理者，很難有人糾正你，這時你只有自我指導，經常自問是否保持謙虛的胸懷？這麼一來你就會瞭解，並非自己的地位比別人高，就比別人有更多的能力。當你覺得自己的部屬差，你就是沒有那一份謙虛的胸襟。即使你發現你的部屬什麼都不如你，但只要你用謙虛的眼光去看他，你就會慢慢發掘到他的長處。一旦部屬有什麼適當的提案，你也能欣然接受。這樣群策群力、發揮團隊精神，更有利於企業的發展。

作爲主管，你要善於納言，如果你把員工的話當作「廢話」，可能就進行不下去了，只能到此爲止。可是認爲「有道理」，就能鼓勵他多提建議，糾正自己的不足，防止自己犯錯誤。即使很普通的員工，有時候會觸動靈感而獲得新的念頭，這也許會對自己有幫助，雖然是一件小事，但人生或事業成功的關鍵，有時候就在這裏。

作爲一個企業家，在經營公司時，看了其他的公司，可能會覺得「經營得不錯」？假如能如是想，就會吸取對方的經營方法，用來發展自己的公司。也可以誠懇地去請教，對這種虛心求教的人，除非特別機密，一般對方都會坦率的回答你。

無論做什麼事情，「虛心」的精神很重要。但並不是要你毫無主見，讓人牽著鼻子走。要一方面堅持「主體性」、「自主性」，一方面虛心接受人家的意見，才能走向成功的道路。

能虛心接受人家的意見，能虛心去請教他人，才能集思廣益，比一個人獨自暗中摸索要好得多。有人剛開始做生意時，幾乎什麼都不懂。開發了一件新產品，往往不知道該定價多少？那時他的辦法是跑到零售商那裏去請教，因爲他認爲如何定恰當的價錢，去問常與消費者接觸的零售商最清楚。到零售商那裏，出示新產品，問他們：「像這樣的東西可以賣多少錢？」他們都會坦誠地告訴你行情，照他們的話去做就不容易犯錯誤，並且不必付學費，也不要傷腦筋，沒有比這個更划算的了。

但願你能培養這種「虛心」的精神，只有能虛心接受他人的意見、虛心向他人學習的人，才能離成功越來越近。

這封信我要告訴你的第二個重點是：作爲企業家，在管理中，手腕固然重要，但更重要的是高潔無私的人格，使員工受感動而毫無保留地奉獻。知識和手腕固然重要，但也要注意到什麼才是人生正確的立足點，惟有大公無私才是最重要的。從這點來說，就是要有「愛心」。

誰都認爲只有自己才是最重要的，這是非常自然的感情。但如果因而被私心蒙蔽，也就是被個人的利害或感情左右，就很容易判斷錯誤，無法產生堅強的信念。不被私心蒙蔽，仔細考慮什麼才是對的、什麼才是該做的，這時就能產生正確的判斷力、堅強的信念及勇氣。

因此，我希望你要對自己嚴格要求，並且毫無私心地考慮事情以磨練自己的人格，這才是你要達到的目標。企業家應懷有愛心的胸襟，並以正義爲前提，如此不僅能盡到企業對社會的責任，也能使員工心悅誠服。

企業就好比是一串念珠，串聯念珠的絲帶就是「企業精神」，也正是爲社會創造財富的精神，如果念珠缺乏這條絲帶，珠子就會散落零亂。企業的運作中如果缺乏這種的精神，就不能帶給企業以長久發展的生命力。企業的責任既然是生產物品，那麼就必須造出最優秀的產品，滿足社會的需要，消除國家和人民的貧困，使每個人生活更豐富、更快樂，這才能算是完成了企業的目的與使命。企業以經營謀取利潤和爲社會創造財富，雖然有物質和精神的差別，但對於改善人類生活品質的目標應該是一致的。

同時，企業家爲了完成企業的使命，往往要支使很多員工工作，這些人也有權利要求從職務和工作中感受到幸福和快樂。因此，企業家除了促使社會繁榮外，還必須使部屬滿足、快樂，如果缺乏這種愛心，光是靠職位和權力來支使員工，必然得不到別人誠心的幫助。

具有愛心的企業家一旦發現某人有不法的舉動時，必須斷然地糾正他。如果爲了私情，故意隱匿不處分，不只是誤解了愛心的眞諦，到頭來反而害了部屬，這就是濫用了愛心。因此，凡事以大局正義爲前提，該處罰時處罰，該獎勵時獎勵，才能算是眞正瞭解愛心的眞義。

身爲企業管理者，懂得愛心，自然能竭盡全力地去愛護部屬，部屬瞭解上司的心意，即便因錯誤受到懲罰，也能心甘情願，並在懲罰中學習到做人處世的正確方式。所以，要想成爲受部屬尊重的企業家，愛心是不可缺少的重要條件。

我是經歷許多坎坷和艱辛，才創造出今天的成功和輝煌的。我是這樣認爲：我的一生，重大的失敗是經歷過的，如果說小的失敗，那是天天都有，甚至是每時每刻都有；不過，這些都如過眼雲煙，早已消逝無蹤。

人生的失敗，往往起因於那種炫耀自己的心理。因爲任何人都會有理想，也可以說是夢想，但其中也存在著驕傲，想對社會大眾誇耀自己的成就，這種心理不論到多大歲數都還是會有的。不管那是個人的工作範圍，還是公司的工作，或國家的工作，我認爲人生的失敗全部都是從炫耀中萌芽的。

任何人，在光景淒慘的時候，不必飲泣獨處、向天悲歎，在風光無限的時候，也不必昂首闊步、藐視別人。尤其是在熱度較高、雜訊嘈雜的人群捧抬你的時候，不要忘了趕忙從忘乎所以中溜下地來，踏實行走。

成功了，往往容易陶醉；陶醉後當然也就容易出亂子了。防止失敗的方法，就是不時地反省、檢討。世事多艱險，因此總是有事與願違的事情存在。

爲什麼會發生這種情況呢？大多數是由於對自己認識不夠，缺少以自己爲中心的反省。不論公司、商店還是個人，都希望能夠得到長久的發展。如果某項產品、某件事情搞砸了，當然就是事與願違。這並沒有其他的原因，關鍵就在於自己對所做的事情判斷失誤。缺乏自我觀察及自我檢討，只是陶醉在自己不斷增加的力量之中，甚至高估了自己的實力，這些都會引起失敗。這種「事與願違」的情形，原因在於出發之前沒有做好自我反省的工作。

那麼，你在這樣的情況下要如何呢？我認爲，例如在推出新產品時，要先詳細檢討有沒有使這件事成功的實力。若力不從心，就不應該做這件事。

如果對於這件事很想進行，而自己的實力又不夠，問題就變成如何彌補不足的地方了。若是在資金方面，就應該和銀行商量，設法取得資金。若技術不夠，就應該廣泛徵求技術。國內找不到，就應該向國外尋找，一直到做好爲止。

尋求技術，有時也要付出相當高的代價。若代價太高，雖然需要這種技術，也不可以這麼做。因爲代價太高不划算，目標固然可行，但現在還不是做的時候。

我們的一生，可以說就是這樣在不斷反省中前進的，對此，有的來自體驗，也有來自內外的教訓。我認爲許多公司就是這樣，一面反省、一面經營，我也一直採用此種方法，所以才有今天的成功。

你的父親

約翰・皮爾龐特・摩根

21 有價值的「批評」

根據多年來的觀察與體會，深感有價值的「批評」大約只有10％，其他90％卻摻雜了羨慕、惡意、愚笨，甚至沒有禮貌的批評。所以衡量「批評」的價值，就變成很重要的課題了。

親愛的小約翰：

我們都不希望被別人批評，這是人的通性，誰也概莫能外。從古至今都是這樣，所以我們也不用去迴避這個事實。

我知道上周哈里批評了你，到現在你大概仍然心懷怨恨吧！你的臉上寫滿了不滿。對你而言，這個打擊一定非同小可，我能理解你此時的心情。雖然哈里對你的指責未必完全正確，但我明白，他一定強烈地傷害了你的自尊。

我希望你能明白，批評你的人不一定是發現你做錯了事才批評你，也很可能是他想借批評你而達到某個目的！因此，我想你必須關心的是，批評你的人到底是什麼樣的人。不論是誰，即使是強者，也一定都有性格上的弱點。通常來說，心胸狹窄的人不會對周圍事物給予愛心和關心，也不會把眼光放長遠，只在芝麻小事上斤斤計較。

根據我多年的經驗，我以爲只有大約10％的「批評」才是有價值的，其他90％都摻雜了嫉妒、惡意、愚笨，甚至無禮。如果你不能洞察細微而一味地耿耿於懷，就會錯失許多使自己進步的機會。因此，衡量「批評」的價值就變得很重要了。

趕緊忘掉那90％的不正確的評語吧！因爲不公正的或惡意中傷的批評，只會給你帶來無謂的煩惱，甚至使你夜夜難眠，卻對你絲毫無益！

批評的殺傷力，往往更甚於武器。因此，應對批評必須純熟、判斷更要準確，否則，若不幸陷入對方設置的陷阱裏，你將受到惡毒的侵襲，精神上也一定會受到傷害。在這裏，我並非想否定所有的「批評」，善意而巧妙的批評將使你受益匪淺，甚至還可能改變你的一生！

建設性的批評兼之運用巧妙的方法，會使被批評者在不知不覺中接納了它，成爲導入佳境的一劑良藥。反之，如果不經過一番深思熟慮便貿然批評他人，一定不能收到預期的效果。你的批評到底是建設性的，還是破壞性的？能不能讓對方下定決心更正錯誤、或是反而刺傷了對方，使他受挫？這些問題，你都應該在批評別人之前，做認眞的自我檢討！

身為主管的你，尤其要懂得如何運用批評。如果你對下屬的批評，不能讓他心服口服、改正錯誤，而是導致他內心受傷、士氣受挫、工作效率降低，那你的批評不但沒有收到理想的效果，而且還會損失許多本不應失去的東西。所以，善用、巧用「批評」是你不可推卸的義務！

人們常會忘記，每一個人的心態與習性都各不相同。正如有些人可以比喻為蒲公英，有些人卻猶如玫瑰一般，你無法對他做同樣的要求。譬如在同一個辦公室裏，有的人好靜，有的人好動；有的人積極，有的人消極；有的人擅長這樣，有的人則專長於那樣。為了一個團體的效率，對那些消極的、被動的、不快樂的，你就必須提出批評。但是，這個批評必須是針對不同的人，做各種建設性的批評。切記，經過一番深思熟慮後再批評他人的人，才是英明的領導。

上帝在賜予我們生命的同時，也賜予了我們薄薄的皮膚、脆弱的心靈，一不小心它們就會受到傷害。雖然批評者是那麼的友善、中肯，但是被批評者卻沒有廣闊的心胸去接納那項忠告，他們的一生都將活在沮喪與痛苦中。這樣的人一心只想著別人的「評語」，卻從不認眞思考如何更正自己的錯誤。

需要再三強調的是，聰明的批評者一定得具備深思熟慮以及說話技巧等必要條件，否則沒有人會接受你的批評，以至於大家對你敬而遠之。在公司裏，人人厭惡的批評者會受到大家無言的抵制，導致工作效率降低，你得留意這類人，以免對公司造成大的損失。

最近，在企業的經營管理上流行著一種所謂「職務評價」的方法，即把公司所有職員一一叫到面前，然後把他們一年中在工作上的優劣得失都通通數落出來，我本人非常反對這種管理辦法，這不僅牽涉人類心理的問題，而且那樣做就是違反人性的。爲什麼呢？因爲除了極少數的人接受之外，一般人很難接受，特別是在短暫的時間內，突然承受一籮筐的讚美，或一大堆的批評。

我認爲應該每天都應該進行「職務評價」。對於公司的主要幹部，每天的績效如何，你應該每天考核，以便於常常稱讚他或指正他。一年一度的大量的獎懲，就好像是學校期末考試的成績單，我認爲那太過於公式化了，沒有實質的意義，我也不贊成這種做法。如果屬下今天就感到迷惑，需要你的教導與指正，你又爲什麼非等到三個月後的「評價日」呢？所以我再要提醒你，千萬不要讓可能避免的錯誤拖延到第二天。況且，我深信大量的批評絕對比不上一點一滴的批評。惟有一點一滴的技巧性的批評，才能卸下員工心頭的壓力或負擔，朝更有效率的生產目標靠近。

讓我們先暫時放下這些一般性的問題，現在來分析你最近的情況吧！你有沒有冷靜地考慮過那位批評你的人呢？他是不是屬於根本不值得你在意的那些90％的批評？或是屬於那10％的建設性批評？他批評你的理由只是吹毛求疵，還是的確對你提出了有益的寶貴意見，或是不妥當的評語？答案如果是負面的，你就必須找他溝通一下，但是一定不要喪失自制力，否則一切將會功虧一簣。

亨利．湯姆林斯曾忠告人們：「切莫被批評之風擊倒！」我們一定要小心地評估所有的批評，並給予適當的回應。因爲，「沒有經過深思熟慮的批評，就像城市裏未經保養的下水道一樣，隨時都可能爆發危險！」

對於那些貼切而善意的批評，你就一定要接納；對於那些不當而惡意的批評，你一定要駁回，千萬不要默默地獨自承受那些惡言中傷的批評者。

人的一生中，或多或少都免不了受人批評，或是批評他人。尤其是當你想做一番事業的時候，更無可避免地要受到或發出更多的批評。因此，趁你現在還年輕，好好學習批評的應付之道吧！這定將使你受益終生。

你的父親
約翰・皮爾龐特・摩根

22 關心並尊重員工

稱讚值得稱讚的事，不費分文，但是效果卻難以估計。被讚賞的一方，因為努力受到認同而拼命工作，力求更好的表現。因此可以知道，投資讚賞將會有多麼宏大的收益。

親愛的小約翰：

在企業的經營管理中，關心並尊重員工，是考核一個企業主管合格與否的一個標準，如果以這個標準來衡量你的話，你將是一個不合格的主管。特別是我知道米勒先生離職的消息後，對於我實在是一個不小的震撼。因爲，米勒確實是一位不可多得的好職員，當初我經營公司的製造部門時；就發現到米勒的脾性與眾不同，同時我也發現並且證明了，他確實是一位不可多得的好職員的觀點。我想，你之所以與他相處不睦，一定和他的怪癖有關。

一個好的企業主管，應該勇於發現和發掘不同性格的員工，然後再根據他們的性格，科學地、合理地給他們安排職位。這樣才能夠最大限度地調動員工的積極性。天下沒有完全相同的兩片樹葉。芸芸眾生中，同樣沒有兩個人的想法是一模一樣的，正如每個人的面貌各異，每個人的方法也有所不同，這使我不得不嘆服造物主的神奇。更令人驚訝的是，儘管有這種差異的存在，我們仍舊能夠相戀相愛、結婚生子、結交朋友、與人共事。

效益和利潤的最大化，是每個企業追求的目標，但是在追求利潤和效益的同時，關心和尊重員工，才能充分發揮員工的積極性，只有這樣，企業的管理才能算科學、合理。實際上，年紀稍長、成功的企業家和資本家在追求利潤和效益的時候，大多數具有瘋狂的傾向。特別是在民主的今天，暴君人數沒有減少，但是我覺得，大多數企業家和資本家們的態度已經有所轉變，這可能是因爲現在的勞動市場更具流動性，求職比以前容易有關（住在小鎮的人另當別論）。由於階層差距的縮短，財大氣粗的雇主已越來越少，願意受工作束縛的無力勞工也不多見了。

薪水是員工離職的一個原因，但並不完全是因爲薪水的高低，員工才離職，有的高薪員工同樣頻頻地離職，因爲員工需要得到公司的尊重和認同。要想留住人才，你必須做到尊重員工，否則，他們同樣會離開我們的公司。由於市場經濟競爭的加劇，許多公司的領導人開始站在員工的角度上，深思熟慮地考慮員工的感受，愼重分析人類工作的動機，尤其重視動機的順序。

根據最新的一項調查顯示，金錢僅占工作動機的第七位。至於第一位，則是對工作的成就感。很明顯地，完成某件事情所獲得的成就感，無疑是辛勤工作的最大報酬。不過，我想每一個人也都希望自己工作的成果，能夠得到他人的肯定。而目前經營者的最大缺點，就是不懂得稱讚員工。

關心和尊重員工是一筆付出少、收益卻很大的投資，因爲稱讚值得稱讚的事，不費分文，但是效果卻難以估計。稱讚員工是一門高深的學問，不是每個企業管理者都能夠運用得爐火純青的。因爲，你在適當的時候巧妙地稱讚員工，被稱讚的員工會認爲他的工作得到主管的認同，也就證明了他的工作價值，於是由於工作得到認同而拼命工作，力求更好地表現。我們因此可以知道，投資對應有的讚賞上，將會有多麼宏大的收益。因此，讚賞不光是對員工成績的肯定，而且還能夠充分調動員工的積極性。

管理有缺點的員工，必須客觀地評價它的優點和缺點、工作能力以及團隊精神，然後做一個公正的評價。關於約翰・米勒是位正直、勤勉的職員這一點，我想是無庸置疑的。儘管他有一些異於別人的行動和意見，我絲毫不以爲意。只是，對於他的怪癖，我還是作了一番深入調查，因爲我擔心他的這種情形，可能會造成業務上的損失。同時，我也留意了四周的人事，來瞭解實際的情形，然後我發現，我們每個人多少都有各式各樣的奇妙的習慣，可是我們每天見面時卻能夠同心協力、並肩合作，使我們成爲一個好的工作團體。當我們指摘他人「與眾不同」的性格時，一般說來，只不過是彼此的看法、想法、人生觀和世界觀有所差異罷了。再簡單一點的說，也就是「不同的人，有不同的方法」。如此而已。勉強別人認同自己必定是一件很困難的事。

管理員工應該有一套科學的管理方法，特別是有缺點的員工。作爲主管，在給他們安排工作的時候，你必須想到該員工的特點，因此，我們在跟他人共事的時候，最好不要去觸及那個人的內在習性，對於他人的怪癖，也最好打馬虎眼，除非你想離群索居。請你不要忘了這件事——再完美無暇的職員，也不可能以你的意思爲意思，你所要重視的，是我們公司的業績。至於誰一天擤一次、兩次甚至千次的鼻涕，都不是問題。除非他的習慣會爲他人帶來麻煩，或是極端異常，否則絕不可成爲令其辭職的理由。

做一件事必須深思熟慮地考慮後才去做，這樣更能收到良好的效果，管理一個公司更是如此。管理好企業不光是管理好幾個員工那麼簡單，很抱歉地告訴你，關於米勒先生辭職事件，我想你還有許多地方必須多加學習。據你所言，似乎是他那種與眾不同的性格使你無法忍受。可是，兒子，我希望你要有此認識——我們只是經營企業，對於性格分析我們並非專家。米勒先生在我們公司服務了十年，在這段時間，並沒有其他職員向我埋怨對他的不滿。因此，你應當好好的自我反省。

作爲公司的領導，你應該花更多的時間去瞭解有些員工的個性，這樣才能夠跟他和睦相處。你與米勒先生共事的時間，只不過是四個月而已，再多相處四個月，你便會以善意的眼光看待他，並以不同的觀點來處理這件事吧！

管理一個企業，不能以你的好惡標準來衡量員工的好壞，也不能因爲你個人的好惡標準產生了偏差，使得公司損失了一員大將！假如這是事實的話，那麼我得趁你尚未將公司內的員工統統攆走之前，趕緊送你到精神病院。

成本管理中就有員工的培訓，以及員工的工作熟練程度等方面的管理，特別是公司培訓員工花費的費用，如果你不能管理好和協調好你與員工的關係，你將是一個不稱職的領導。兒子，你可知道栽培一位職員到能夠熟練工作爲止，必須花多少時間與金錢？有些職務，甚至需要一筆相當可觀的經費。如果你想將經營效率提升至最高水準（雖然只有理論上的可行性），就勢必要將員工離職率維持到最低程度。剛訓練好的職員不斷離職，會使得公司所有的利益，被員工訓練經費消耗殆盡。所以，維持員工的士氣，不僅有助於工作氣氛的和諧，

同時也是必要條件。

一個特別優秀的企業，必定有一套科學的管理體系，也包括員工管理。因爲一個公司的員工的素質，是一個公司生存和發展的決定因素。最後，我希望你不要忘了，經常考核部屬們的工作業績，特別對於剛踏入公司的部屬，務必評定他的工作表現，能不能符合我們所要求的標準。但是，對於長年於公司服務的部屬，如果工作業績有下降的趨勢，或是未達標準時，你更應當將此事視爲一個紅燈，停下來反省自己。爲什麼這個人的業績會降低？假使你自己沒有什麼疏失的話，那麼是不是在他業績低落的背後，另有不得已的因素呢？不妨與他交談看看，告訴他：現在的他大不如前了。問題是應該由你去改正呢？還是應該由他自己來解決問題？我們是不是應該伸出援手呢？

挽回一位部屬的工作效率，或許僅需花費一個小時的時間，可是收效之宏大卻往往出人意料。想想看，你跟部屬兩個人一小時的薪資加起來，不過五十美元左右，然而訓練一名接替米勒先生的合格人才所要的費用，卻高達五百美元。

如果你能尊重、關心你的員工，你將是一個合格的企業領導。管理員工和經營企業是不矛盾的，只有把他們都協調好了，這樣才不枉我對你的教誨。確實，員工是一項寶藏，千萬不可視之如破銅爛鐵。爲了保護對員工所投注的龐大資金，我期望你能竭盡自己最大的努力，使每位員工都能在完成工作最高目標之後，獲得成就感。這樣一來，在你自己完成任務的時候，必然也能深深的體會到那份成就與榮耀。而我對於這些圓滿結果所附加的利益，將會莞爾一笑。

你的父親

約翰・皮爾龐特・摩根

23 解雇職員的技巧

無論在任何情形下，你都不要讓被解雇的職員產生太多的挫折感，這點非常重要。應謹記在心的是，當你在任用職員以前，應仔細挑選，這樣才能避免發生不愉快的解雇情形。

親愛的小約翰：

解雇員工是一種無奈的選擇，特別是解雇我們公司的總務部長，我知道此事對你來說非常煩惱，因爲，你認爲這項任務的執行，將會使他人感到絕望、痛苦。這種惻隱之心是一種好現象，同時表明你有一顆仁厚、體貼別人的心。我非常喜歡你這個優點。

但是，請你不要忘記，公司的成功，是每個職員共同努力的結果，這是一個不爭的事實。倘若公司有一個職員不能勝任他的職務，對整個公司的運營來說，固然不至於產生特別嚴重的後果。卻對一些能勝任且對公司有所貢獻的職員來講，則是一件很不公平的事。況且，對於那些不能勝任公司工作的職員來講，面對工作或其他的環境的壓力，他個人也會產生一些不愉快的情緒。因爲每天八小時，他都要在這種不愉快的氛圍中度過，直到走出公司門口，而且，他也絕不可能一下子就把心中的這些苦悶，全都拋到九霄雲外，忘得乾乾淨淨。

我認爲，繁忙的事務也會令他們感到工作困難。確實，對某些高級管理職員的職務而言，高薪與地位雖然人人喜愛，可是從某個角度來看，一旦他們處理工作的能力降低，生活也將隨之陷入痛苦的掙扎之中，甚至引起混亂，我們會因此而漸漸地對他失去信心。

值得特別注意的是，在公司中，有些職員的能力遠勝過他的職位，他工作起來感覺很無聊，就好像一位船員將船駛進無風地帶中，輕鬆地過去。他會說，這種工作雖然很好、很輕鬆，但沒有一點激情。這種員工在我們公司中，也是一種不好的影響，因爲他感覺每天的工作都非常乏味、無趣，因此他遲早也會離開我們。

上述幾種解雇職員的情況較爲典型，但是還有另一種情形，就是有些職員和周圍的同事不能和諧地相處。對公司來說，他很能熱心地參與工作，但在同事之間，他就不能相處得很好，這種員工我也見過不少。他們可能會影響到其他職員，使他們對自己的職務喪失信心，覺得自己就像是掛在牆壁上的文字一樣，讓人看得清清楚楚，從而心生自卑。如果這樣的話，就得在我們所器重的職員辭職之前，先解雇這種會引起紛爭的職員。

現在，還是讓我們回到主題上來。在我看來，你所要解雇的那位總務部長，無論委任爲部下或上司，都是不妥當的。他的工作能力雖然很強，但他的性情和態度會給人不好的感覺，他經常公開我們公司的工作內容，對我而言，自尊心受到打擊是不允許的，這也許是他自己不負責任的一種表現！對於這種情形，公司也常認爲這是一個棘手問題而難以解決，所以一拖再拖，就到現在，你可以找個合理的藉口解雇那位總務部長。但我卻認爲這是一種得過且過的心理，要解雇一位職員，雖不是一件好事，但如果你認爲這件事合理，卻因爲不好意思而不敢及時執行，那麼就算時間拖得再久，也無法使這個任務變得更容易執行！

作爲公司的領導，解雇員工是一件非常正常的事情，老實說，在這以前我也曾解雇過很多職員，我想你以後也會這樣，也許會解雇更多的員工。當你解雇職員時，特別是與職員談過話後，可能會產生一種猶豫的心理，這都是很自然的；你也許會捫心自問，這樣做是不是正確，但是，如果再經過一、兩個月冷靜的思考後，你會發現自己的處理是對的，而且會認爲自己當初應該及早地執行。

解雇公司的員工確實是一件煩心的事情，當你想解雇職員以前，你也應該深思熟慮地思考一下：在我們的公司裏，那個員工無法發揮他的潛力，可能是我們給他安排的職務不適合他，以致於引起他對工作的厭煩（這是我們的錯，不是他的問題）；或許是因爲這位職員的性情，在我們公司裏會成爲問題，但在別家公司，卻反而變成一種優點；那個職員的能力，是否在別處能夠愉快地勝任工作；無論在何種情形下，都不要讓員工產生太多的挫折感和失落感，儘量讓員工不會感覺到自己被解雇是那麼痛苦，更重要的是能夠順利地轉換工作。這一點非常重要，因爲，你不需要爲自己製造一個敵人，更何況過去曾經是同事，你的確應該這樣做。

員工當然一定會問：「爲什麼要解雇我？」碰到這樣的問題時，我們的說法千萬不可以太過誇張，但也不必因爲想掩飾而撒謊，撒謊只會使員工感覺你很卑鄙。此時，你更應該把自己下定決心的理由，以及他的離職將會受惠於他自己和其他職員的情形，用最簡單的詞句一一說明，譬如：「很遺憾，這是有關你性格上的問題。」「很遺憾，你的技術不大適合我們的工作。」（針對能力太過或能力不足的情形而言），或「解雇你是件很遺憾的事，但你到其他公司工作可能更適合你。」

解雇員工非常講究技巧，如果在上述這種情形下，你應迅速將話題轉移到被解雇員工換工作的事情上，給被解雇的員工一些力所能及的幫助，這樣更能夠得到被解雇員工的理解。

比如，不要吝嗇替將要離開的職員寫推薦函（雖然說，向來很少有人會這麼做）。其實，被解雇的人感到最不安的問題，就是自己是否能順利地轉換工作，我們的「推薦函」對他的轉換工作，將會有很大的幫助。因此，現在很多公司在任用職員前，都會先瞭解他在以前公司裏工作的情況。總而言之，在處理解雇員工的問題時，你必須在員工離開公司之前，就先讓他消除轉換工作的不安心理。你要讓他知道，找工作只是時間上的問題而已。

其實，上述的處理辦法儘管能消除他在找工作時的心理障礙，但是，在新的工作尚未確定以前，金錢也是令他煩惱的一個原因。在這個問題上你必須處理好，你可以依據我們的有關遣散費的處理原則，我們的處理原則是在他尚未找到工作以前，根據他在公司工作的時間長短，每個月給予一部分薪資。而且，我個人認爲，每個公司都有義務如此保障他的屬下，尤其是那些服務年資較長的員工。

在解雇員工時，遣散費這個問題不能忽視。當我們要解雇職員時，如果他對於公司所給他的遣散費有所不滿，往往就會招惹一些麻煩，即使你認爲此人並不值得你付出那麼高的遣散費，我們都應多付一、兩個月的薪水。如此，我們就能避免雙方對簿公堂，更重要的是，還能避免他因惱羞成怒而採取的復仇舉動。可以理解的是，那些被解雇的職員，他們對公司一定有相當程度的不滿、失望，甚至動搖他們自己的自信心，因此，你必須盡可能地將這些抑制到最低程度，這是你的義務。不管情況如何困難、麻煩，只要你能挺起胸膛、努力地去做，這些問題就會迎刃而解。

在挑選人才的問題上，你應該愼重考慮，當你在任用新員工以前，應仔細挑選，雖然這並不能完全避免和消除解雇事件的發生，但是，這樣才能減少發生不愉快的解雇事件。因爲公司就像一個小型社會，每天都有無數的人出入。所以，這種解雇事件，將來你也不可避免會地陸續發生。

確實，經營一個公司，愉快與困難並存，這二者對你事業的發展有很密切的關係。因此，當你面對困難時，你不能一味地迴避工作中的困難，你必須欣然地接受不愉快的工作。對於困難的工作，你更應該用積極的心態去處理，這樣才能更好地勝任公司交給你的工作。

你的父親

約翰・皮爾龐特・摩根

24 效率化管理

一項解決問題的最佳途徑，那就是團隊精神。利用團隊精神，可以讓員工多年的經驗充分發揮出來，這是成功企業經常運用的方法。

親愛的小約翰：

讓我感到欣慰，你已經做出決策爲公司更換現代化設備，並且爲此事忙碌奔波。你已經開始學會用行動來證明你的一切。又深知道如何進行一項計畫而深思熟慮；同時也證明了你靈活地運用過去你在學校所學到的知識、以及這些年來你在社會上累積的經驗，在這個決策中，你終於開始嶄露頭角，一展身手。這些都是你躋身成功之列的開始。

成功或者失敗，都是一件很平常的事，但是必須勇於面對，從中吸取經驗和教訓。確實，勇於承認發生了問題，是成爲優秀的大人物的重要特質之一。感到特別遺憾的是，你至今尚未具備這種特質。我知道你一定不服氣，想必你會反駁我：「當我失敗時，我一定會承認！」我也希望如此。但願我能活著看到你表現出此項特質，這樣就不枉費我對你的一番教誨。

效率和利潤是公司生存和發展的重要因素，在把這個問題告訴你之前，你確實已經浪費了許多寶貴的時間，也許是幾天，也許是幾個禮拜（你也浪費了許多錢）。每多一天，損失就越多。因此，對於這件事我們必須採取的對策，只能是依賴大家的團隊精神，除此之外，別無選擇。這些問題雖然是老生常談，但卻是絕對重要的，也是非常必要的。

在處理效率管理這個問題上，你必須深思熟慮地考慮對策，這樣才有利於公司的發展。比如，在採用那種可以節約許多人力的設備以前，必須確定，我們是不是有足夠的資金購買這些設備。如果沒有足夠的資金，那麼，你必須以會計師的資格，以及通過從經營上學得的技巧，說服了銀行，同意貸款給我們購買這套設備，因此，只要你說服了銀行，現在你只需要提出所借貸資金的妥當的計畫書就可以了。

隨著社會的進步，在不遠的將來，可以預見員工工資會隨著產品價格的提高而增加。你如果使用現代化的設備，就不必爲此事大傷腦筋了，因此，你只需要花費一筆固定的費用，不必再考慮到人員工資。不過，這樣做的前提是我們能夠繼續經營。在追求效益和利潤的今天，如果你一味地追求技術進步，購買設備的支出超過了我們所能負擔的費用，一定會承擔很大的風險，如果公司遇上經濟大蕭條，那麼，我們就會被逼進失敗的死角（這句話我已經向你提過三百二十六次，而且我會不厭其煩地繼續提醒你一千次，直到你深表贊同爲止）。

做任何事情都有一定的困難，不可能一帆風順，經營一個公司也同樣如此。你在剛開始管理我們的公司時，進行計畫就遇上困難，太正常不過了，這完全是因爲你對這個部門缺乏經驗的緣故。儘管你很難下決定，但是，在潛意識中，你必須很明確的是在哪一個部門該買入哪一種機器，哪一個部門不應該買哪一種設備，這些都是可想而知的。或許，你還忽略了一項解決問題的最佳途徑，那就是——團隊精神法。

成本核算在效率管理中，起著舉足輕重的作用，很多公司的破產，都與成本管理不善有著很大的關係，也常常容易被公司領導忽視。因而需要提醒你，在管理那些大部分工作必須借助人力的部門時，你應該請求那些擔任成本核算的員工們的幫助，請他們把投入機器設備的最高成本、半自動化的成本，以及生產線成本互相進行比較，然後得出一個合理的解決方案，這樣才能更好地管理好我們的公司。關於這方面，你如果還有其他疑惑，那麼你應該和廠長商量一番，因爲他一定明白，哪個部門實行自動化效果最好，哪種程度的生產量最具效率？

其實，你最好找在現場負責的人幫忙比較合適，因爲他們比廠長瞭解得更深入，所以他們能夠提供給你更詳細而值得參考的資訊。另外，聽取質管部門方面的意見，一定也會對你大有幫助。當你分析過各方面資料後，弄清楚每一點，這樣你就可以釋然了。如果還有疑問，你可以四處巡視，聽一聽比任何人都瞭解機械的技工們的意見。他們會提供給你什麼是最佳的機械，以及製造高質量機械的公司等寶貴意見。

效率化管理不是固定的條條框框，也不是放之四海而皆準的法律條文，所謂的效率化管理，就是刺激部屬活用頭腦，憑藉他們的經驗，讓他們提供最新的情報，聽取他們的經驗，讓公司的整體發揮最大潛能。其實，這些都是團隊精神的重要發揮。在效率管理中，讓員工參與管理是最好也是最明智的做法，因爲沒有比被人要求提出意見更值得驕傲的事了，所以員工也一定樂意參與。特別是當個人知道自己的判斷被尊重時，一定會更有幹勁。員工是公司重要的支柱，你在任何時候都不要忽略了他們，要隨時找機會表達你對他們的誠意。

先進的管理不是空洞的教條，必須科學地加以利用。想要收集對公司有用的意見，你必須具備敏銳的洞察力和謹慎的行動。然後將這些意見銘記在心，以免下一次再遇到類似無法解決的問題。你不妨獎勵敢於提出意見的員工，以對他們提出意見的肯定，因爲他們害怕提出意見而失去自己的利益。比如你的屬下也許會由於這次購買設備，而猜測你是否要削減他們的薪水，或者裁減員工，這些疑惑不是沒有根據的，你應該在開始進行計畫時就澄清一切。

站在公司的立場上，公司最關心的就是利潤和效率。依我所見，你若想要減少員工，又要能夠保持目前的成長率，首先你必須減少新招聘員工的人數，員工的職務也必須重新安排，這樣才能夠讓公司效率最大化，因而就應該不會有任何人失業了。但是，由於最近的通貨膨脹，員工的開支增加，於是大部分員工都希望能夠加薪。如果我們能提高更高的生產效率，一定可以取得更多的市場佔有率，於是也就能夠爲員工加薪了。

分歧是難免的，當公司內部發生意見分歧時，你必須沈著、冷靜，一定要穩住陣腳。如果你通過一項決議，決定採用技工而不採用監工的時候，站在主管的立場，你必須給監工一個圓滿的答覆，這樣才能提高員工的積極性。

資金的使用是效率化管理的重要因素之一。資金的使用，關係著公司規模擴大的成功與否，因爲流動資金是影響公司規模擴大的決定因素。因此，你必須在資金使用前多加考慮。特別是在購買設備時更要注意。你應多參考一些生產這種機器的公司，選擇一個最適合的公司，選擇一種最適合的生產能力的機器型號，這就是所謂的「效率管理最大化」的道理。比如說我們的裝罐機和貼標籤機，一分鐘只能完成二百個，你如果買了一分鐘完成三百個的封罐機，就無法使用了。因此，均勻的調和生產線是非常重要的事，希望你能夠使生產線保持雪佛蘭的流線型，而不是林肯房車的線條。

先進的設備是提高效率的前提條件，當你要購買某種機器的時候，最好先參觀生產這些機器的工廠，你不妨和技工、廠長一起參觀，同時也可以徹底地解決你們所有的疑問。如果那種機械的性能，並不像廣告上說的那麼好，你也可以直率地向銷售廠表示出來，那麼你受騙的機會就特別小，他們也不可能因爲你是外行而矇騙你。

購買設備時，最好仔細地調查這套設備的折舊期限、零件購買的難易、經銷商以及是不是提供售後服務等。在這段期間，你應該和有關人員再三商量。你必須要經常藉助他們的智慧，因爲他們是這方面的行家。所以舉行慶功宴的時候，必須邀請他們。

我知道，一個決策可能影響公司的效率，特別是在新設備安裝完成、開始試車的時候，也就是考驗你們的決定是否正確的時候。此時，你可以和全體員工一起進行「評估」。要是他們知道選擇正確，一定會爲你發出歡呼。如果選擇錯誤，當他們聽到我責備你時，他們也一定能夠瞭解是什麼理由。當然，對於機器的好壞，你應該負起所有的責任。但是，員工們既然參與了你的購買決策，他們心中自然會有一份責任心，我無須責備他們，他們會主動感到內疚，在下一次的購買時，一定會提供給你最完善的資料（因爲他們會想：「被董事長當作傻瓜，這種恥辱一定要洗刷。」）。

團隊精神是效率管理的一個方面，如何利用團隊精神，讓員工積極地把多年的經驗充分發揮出來。這是企業經常考慮的問題。公司的運作就好像在足球場上踢球，無論你個人的表現多麼優異，最後能夠獲得成功的最大原因，卻是由於全隊充分發揮了團隊精神，使得士氣高昂的結果。現實社會也是如此。

最後，我想提醒你的是，效率管理不是空洞的教條，也不是千篇一律的照搬照抄，必須靈活地掌握。要使得周圍所有的人（包括我在內）全都感到滿意，這是不太可能的。所以，只要大體上沒有問題，你就可以放手一搏。

你的父親

約翰・皮爾龐特・摩根

25 看好你的錢包

把可以支用的現金帶在身上，這是防止消費過剩最簡便的方法。每次支付現金後，帶在身上的錢便不斷減少，你就會警覺不再浪費每分錢，看緊自己的錢包。

親愛的小約翰：

很遺憾，你不是一個合格的預算師，特別是在今天早上，當你要求我向公司借支五百美元周轉時，這讓我非常吃驚。特別讓我難以理解的是，你在私人資金的用度上不光是有點困難，連一點存款都沒有。但是，你每天在資本好幾百萬的公司裏，做預算、財務報表及資金的安排卻分文錢都不差，眞使我難以想像。

我知道這樣說，你肯定對這種情況多少有點羞赧不安，其實，不光是你，我也一樣（這樣說，也許你會感到安慰一點）。前些日子，我去拜訪我的一個專門做稅務業務的朋友，他告訴我，在他的辦公室裏，每天都有像你這樣的高薪白領階層的光臨，他們去的目的，就是爲了避免沒有繳稅而引起的稅務機關的起訴而請求幫忙。我實在很納悶，爲什麼像你們這樣具有大企業管理能力的人，卻沒有管理自己錢包的能力？大概是因爲公司裏有強制的財務計畫，而個人生活計畫卻沒有。

我不希望你加入「月光族」的行列，但是，你從今天起必須學會管理自己的錢包。如果你不能夠克制地應付你的支出，那麼我提醒你最好忘掉尚未扣稅的薪資，把注意力集中在扣了稅的實際薪資上。把每個月應支出的經費，一項項的列出來，從稅後的薪資（即薪資淨額）中先行扣除，剩下的才是你可以自由使用的資金。這些可以自由使用的資金有兩種處理方式：一種是把它全部花掉，另一種是把一部分儲蓄起來。我想你採取後者比較明智一些。除了每月的經費，如房租、房屋貸款、水電瓦斯費、餐飲費全部支付出外，還有一部分可在急需時緩解燃眉之急。因爲容易發生麻煩的，大都是這些基本費用以外的支出。

確實，信用卡的發明，使得人們在購物時方便、快捷多了，很多人因此而不亦樂乎，事實上，信用卡同樣使很多人增添煩惱。因爲信用卡是衝動購物的主因，容易引起被人們稱爲「消費過剩」的疾病，沒有幾年，很多現代人都得了這種病症，而且犯病的次數不少。零售業者利用人們衝動購物的情緒，設置了信用支票，引誘我們無限制的購買，讓我們都患上消費過剩症。

防止自己患上消費過剩症的最簡單、最簡便的方法，是使自己在購物前，把可以支用的現金帶在身上，同時這也是控制自己花錢的最好辦法。因爲每次你支付現金後，帶在你身上的錢便不斷減少，你就會警覺，這樣的辦法只要你堅持兩個月，你自然養成一個節度開支的好習慣。因此，你與其在小小傳票上毫不在乎地簽上你的名字，倒不如你利用現金支付更有警惕作用。

除此之外，還可以把每月必須支付的費用或存款先行支付。如果沒有信用卡在口袋裏，你的錢一定不會那麼快就用完，確實，現金浪費的程度一定比信用卡低。你不妨試試看，一個月之間不用信用卡，而改用現金支付，會有什麼改變？其實，用現金去買東西並沒有什麼不好，可是現代人卻不知不覺掉進可怕的信用卡制度中。

如果你用錢無度的話，那麼你得先學一個月的會計，因爲這樣可以減輕你在金錢上的苦惱。確實，大筆的支付應先確定支付的期限，然後做一個預算表。一定要把這件事當作一個大問題來處理，千萬不能馬虎。比如重要的保險費、一年一次大筆的支付。從中總結經驗，擬出一個合理而科學的花錢方法，也不枉我對你的教誨。

接下來我們商討一下銀行存款這個問題。儲蓄有兩個目的：一是準備不預期的支出（如冰箱壞了）；二是固定的支出，如每年固定繳納的地價稅、房屋稅、年終的所得稅申報、小孩子的註冊費。

如果你對銀行存錢感興趣的話，你要做的就是從每個月的收入中扣除一部分，然後把它存在銀行裏，就像支付每個月的房屋貸款一樣，然後再把這筆存款當作固定費用，因爲它是必要支付的。如果你能按我所說的去實踐，以一周爲單位，或以一個月爲單位，在短期內你便可以度過難關。如果你想有一個長期的、經濟穩定的生活，通常就要從買房子開始。

大多數的人（也包括我）一致認爲，擁有自己的房子比租房子更有安全感。當然也有例外的，譬如爲了工作關係而必須立刻搬家也是必要的。確實，在個人投資中，以自己的房屋作爲基本的不動產投資，這是一種最好的投資，也是一種最明智的選擇。但是，買房子需先付自備款，然後再按月或季度分期付款。在分期付款這個問題上，你應把分期付款的金額如何處理都應先作一個預算。如果能這樣做，這種方針是很正確的。

但是，必須提醒你，在購買房子時，你不能用最高限度的自備款買房子，因爲你把所有的積蓄都用在房子投資上了，同時每月還要支付很多的貸款額，以致於家裏一毛不剩，這是人們通常會犯的一種錯誤。此時如果遇到疾病或利息提高的情形，整個家庭經濟便會發生窘困的現象。爲了避免這種情形，你應事先預算出能很輕鬆支付房屋分期付款的貸款，否則一旦發生意外的事情，只有望天興歎了。

購買房子確實是最好的投資，因爲你可以把房子當成是第二筆存款，而且可享受物價上升時的增值。除此之外，你還可以享受自己投資房子的樂趣（由房子帶來的美、舒適及溫暖，是投資股票或債券所不能相比的）。蓋柯洛說過：「再沒有比自己的房子更好的東西了。」大概講的就是這個道理。

人無遠慮，必有近憂。你現在還年輕，還不會考慮到六十五歲以後的生活，這種心理我是可以瞭解的，但是我仍要提醒像你一般年齡卻已經想到年老生活的年輕夫婦，你們到退休以後，就會換上一間管理容易、經費較少的房子。把買房子剩下的錢存進銀行，拿利息來做生活費。因爲孩子們都長大了、獨立了，不需用那麼多的房間。冬天、夏天休假日出去旅行，關起門來也不用擔心什麼，這實在是有先見之明的做法。

關於投資這個問題，我不想談得太多。除了房子投資，當然也還有其他的投資方法，像投資股票、債券等。在你選擇投資股票、債券時，你必須做一番很仔細的研究計畫。確實，這番忠告聽來好像很保守，但是股票買空賣空的事太多了，股票降價時，股票一文不值的事經常發生。這種投資的風險比較大。如果你要投資的話，你一定要有多餘的錢，才可用於投資股票，萬萬不可借錢來投資股票。有一點很諷刺的是，那些整日在玩股票、以股票爲生的人，都不能成爲百萬富翁，何況我們這些業餘的人呢？

制定一個合理而科學的存錢計畫，可以減少許多煩惱。在小孩尚未出生以前，夫婦兩人都有工作，兩人薪水合起來使用，當然會覺得相當寬裕。如果是聰明而自制心強的夫婦，就會只用一個人的所得，而將另一個人的所得儲存起來，作爲買房子的自備款，借的錢也會趁早還掉。這種潛意識你必須有，而且要非常強烈。

當然，你也會發現許多的年輕人，他們總會將錢存在銀行或家裏不用，總會在冬天南下度假，或者在每個週末開著新型的轎車，到高級的餐廳吃飯，否則就不快樂似的。如果有一套完善的金錢計畫，同樣你也可以把這種樂趣編入預算中，實際上，生活的樂趣仍是有必要的。如果把夫婦賺的錢一毛不剩的花掉，將來你就會有不安全的感覺。尤其在小孩出生以後，又多了一份支出，你會受到很大的衝擊。要降低現有的生活水準，並不是一件容易的事，俗話說：「由儉入奢易，由奢入儉難。」樂趣雖然是生活中必要的調劑，但如亨利・梭羅卻說：「花最少的錢得到最大的樂趣的人，是最富有的。」

我想你的生活也不可能一帆風順，總會遇上許多麻煩，但是爲了讓你妻子在生活上有保障，你一定要投入人壽保險。爲了孩子的教育經費。你也更應該做長遠的考慮。即使你不在了，這錢仍是要花的。你有把公司管理好的才能，應該也能計算出買入人壽保險的金額。你一定要盡你最大的能力，去投普通的人壽保險。至於保險公司業務員勸你爲了經濟穩定而投保的經濟保險，你應愼重考慮，大部分業務員勸人投的經濟保險，並沒有很有效地考慮到通貨膨脹的問題。

我沒有權利調查你個人金錢使用的情況。但是因爲你對我有特殊的要求，我希望你能夠記住我對你的教導，並且有某種程度的保證。我借給你的五百美元，以20%的年利率，每星期歸還十美元，從薪水中扣除，並附上保證書，由你簽名。你可能會認爲我是一個太過於苛刻的父親。下次若再碰到沒有「預期的費用」而向我借錢時，我的條件就不會像這次這麼寬大了。

其實，我沒有像我口中所說的那麼生氣。湯瑪斯・肯必斯曾說過這樣的話，我再念一次給你聽：

「不要因爲別人無法按你的意思去做事而生氣，因爲自己都無法照自己的意思去做事，更何況別人呢？」

你的父親

約翰・皮爾龐特・摩根

26 創新與突破

創新是一種力量，幸福是在創新中誕生的。創新並不需要天才，創新只在於找出新的改進方法。任何事情成功的原因，都在於能夠找出把事情做得更好的辦法。

親愛的小約翰：

你上次的來信中，和我談到你思考問題的方式，我知道，對於像我這樣的「老古董」來說，缺乏你們年輕人朝氣蓬勃的精神，對於創造性的思考能力，我也相信你應該比你老爸更強。可是，在這裡我們首先要弄懂的是：創造性的思維是要建立在一定的基礎之上的，並不是憑空臆造，要客觀可行。

在此，你要先弄懂「創造性思考」的涵義。很多人往往把創造性的思考，想像成「電」

或「小兒麻痹症疫苗」的發現，或者是小說創作，或是什麼發明創造。當然，這些都是不錯，然而，創新並不是某些行業特有的，也不是具有超常智慧的人才具備的，只要善於開發，我們每個人都有。

具體什麼是創新思維呢？我這樣說吧：一個低收入的家庭制定出一項計畫，能讓孩子進入一流的大學讀書，這也是創造性思維。一個家庭想辦法，將附近髒亂的街道變成鄰近最美的地方，這也是創新。也許你不這樣認爲，可是，生活是多方面的，我想，你慢慢就會發現。

另外，想方法簡化資料的保存，或向「非準顧客」行銷，或者讓孩子去做有建設性的活動，或讓員工能夠眞心熱愛他們的工作，或阻止一場口角的發生，這些事每天都會發生的，你如何用更好的方法處理這些事情，可以說都是很實際的創新實例。

《伊索寓言》裏有這樣一個小故事，也許能說明問題：

一個暴風雨的日子裏，有一個窮人到富人家行乞。

「滾開！」富人家的僕人對窮人說，「不要來打擾我們。」

窮人很可憐的哀求：「讓我進去吧！我只要在你們的火爐上烤乾我的衣服就行了。」僕人認爲這不需要花費他們什麼，就讓他進去了。

到了屋裏，這時窮人請求廚娘給他一口小鍋，這樣他「就能夠煮點石頭湯喝」了。

「石頭湯？」廚娘很奇怪地說，「我想看看你如何用石頭做成湯。」於是她同意了窮人的請求，給了他一口鍋，窮人於是便到路上找了一些石頭，洗淨後放在鍋裏煮。

「可是，你總得放些鹽進去吧。」廚娘說，她給了他一些鹽。後來又給了豌豆、薄荷、香菜。最後，又把能夠收拾到的所有的碎肉末都放進了湯裏。

這個故事說完，您也許已經猜到，這個可憐的窮人最後把石頭從鍋裏撈出來扔到路上，美美地喝了一鍋肉湯。

倘若這個可憐的窮人對僕人說：「行行好吧！請給我一鍋肉湯喝吧！」結果又會如何呢？所以，作者在故事的結尾處總結道：「堅持下去，只要方法沒有錯誤，你就不會失敗。」這就是說，很多事情的達成，其實是一種方法問題。掌握了方法，事情就容易完滿的達成，方法不正確，不但不能把事情辦好，往往還增加更多的麻煩。怎麼樣才會有好的、正確的方法呢？這就是我在這封信裏想對你說的「創造性思維」。

創造性思維並不滿足已經擁有的知識經驗，它努力探索著客觀世界中尚未被認知的事物的規律，從而爲人類的實踐活動開闢新領域、打開新局面。一旦沒有創造性思維、沒有探索精神，人類的實踐就只能原地踏步，人類社會也不會再發展和前進，甚至會陷入倒退的局面。

創造性的思維其實正是人的長處，只是很多人沒有開發利用而已，所以才會有不是人人都能成爲企業家這樣的情況。人若要有所作爲，只有通過創造，才能發揮出自己的聰明才智，才能體會出人生的眞正意義和價值。創新思維在實踐中的成功應用，不但能給人類帶來無法估量的幸福，並鼓舞著人類用更多的熱情去進行創造，實現更多的人生價值。

創新並不需要天才，創新只在於找出新的改進方法。任何事情成功的原因，在於能夠找出把事情做得更好的辦法。所以，遇到問題，你要多思考，加強鍛煉創造性的思維能力。

創新思維就是在傳統思路的基礎上，再進一步作更好的探索，在方法上和思維的結論上，獨具慧眼，能夠提出新的創見，作出新發現，實現新突破，具有開拓性和獨創性。作爲一個企業家，只有具備這樣的能力，才能在殘酷的競爭中遙遙領先，不被對手擊倒。

對於一般人而言，通常都是用常規思維方式來思考問題，也就是在遵循現存思路和方法時進行的一種思維，重複前人，這就容易步人後塵。對於企業來說，就不會有超越別人的發展，只能跟在別人的後面。別人過去已經進行的思維過程、思維的結論，屬於現成的知識範圍，可以到書本裏去尋找，但眞正的創造是要靠自己去拓展的。人的思維要解決的是實踐中的新問題、新情況，常規性的思維解決的是重複出現的問題和情況。

培養創造性思考的關鍵，在於要相信自己能把事情做成，只有這種信念，才能使你的大腦運轉，去尋求做好這種事情的方法，這是成爲企業家所必須的。只要平時注意觀察，我相信你就能夠發現周圍的人分兩種類型：一是直接接受現有的知識和觀念，這種人總是思想保守、安於現狀，他們對生活沒有熱情，更談不上創新；與此相反，另一種人他們注意觀察和研究新事物，勇於突破傳統觀念的束縛。這種人常不滿足現狀，敢於向疑難問題挑戰，積極探索、勇於創新。後一種人是你應該學習的，這才是企業家的精神。

創新思維不局限於某個固定的程式和方法，它是獨立的思維框架，並且是一種具有創造性的、靈活多變的思維活動，並伴隨著「想像」、「直覺」、「靈感」等非規範性的思維活動。所以，它具有很大的靈活性、隨機性，它會由於時間地點等因素的不同而變化。你只要注意發現和多深入思考，你就不難發現。

創新性思維的核心是創新突破，而不是過去的再重覆。它是沒有前車之鑒的，沒有任何成功的經驗能夠套用的，它是在沒有任何思維痕跡的路線上去實現的。因此，創造性思維不能讓每次結果都保證成功，有時它可能會毫無成效，甚至會得出錯誤的結論。這就是它的風險性，但無論結果怎樣，它都具有重要的認識論和方法論意義，因爲就算它的結果不成功，也向後人提供了少走彎路的教訓。就像你第一次合約的失敗，雖然沒有取得什麼成績，但過後你不停反思，就會學到很多。常規性思維似乎很「穩妥」，但它存在著根本的缺陷，那便是不能幫助人們提供新的啓示，所以，你要善於突破自己固有的思維模式，去創造新的東西。

作爲企業家，爲了取得對未知事物的認識，總要設法探索前人沒有過的思維方式，尋找前無古人的辦法去剖析新事物，並且獲得新的認識和方法，從而提高自己的認識能力。

我希望你在現實生活中，運用創新思維，提出一些新的觀點，逐漸形成種種新的理論，隨後做出的一次次新發明，爲企業的發展做出成績。

談到創新，有人往往望而卻步，認爲它只是極少數人才能辦到的。其實並不是這樣，創新有大小之分，並且內容更可以豐富多彩。創新活動並不是只有科學家才能從事的，它已經普及到尋常百姓的生活中去了。目前有很多人都在進行創新活動，不管是生活中、事業上，隨處可見創新思維迸出的火花。人們的理想和目標日新月異，在爲這些新事物奮鬥的過程中，就需要有創新的思想。創新無止境，人類的幸福也沒有終點，其實，人類的幸福就是一個不斷創新的過程。

創新是一種力量，是幸福的源泉，英國著名哲學家羅素則把創新認爲是「快樂的生活」。創新是生活中最大的樂趣，幸福是在創新中誕生的。生活的樂趣是什麼？我認爲，它是寓於與藝術相似的創造性勞動之中，寓於高超的技藝之中的。孩子，倘若你熱愛自己的事業，那麼你就肯定會從你的事業中，得到很多美好的事物。生活的偉大也就寓意於此，我的這些話要告訴你的，就是創新與幸福的內在聯繫，說明創新是生活幸福的原動力。

我爲什麼這麼說呢？因爲每個人都知道，幸福是產生在物質生產和精神生產的實踐中，由於感受到所追求的目標的實現而得到精神的滿足。但是怎樣才能實現這樣的滿足呢？要靠勞動、靠創造。

你的父親

約翰・皮爾龐特・摩根

27 分散投資的風險

> 每當事業出現新的投資機會時，應當馬上考慮到兩點：一是，如果嘗試新的事業，資金的運轉是否充足？二是，明確是否有具備相關能力和經驗的人來經營這個新事業。

親愛的小約翰：

很高興，你對我們企業的經營範圍，提出很好的建設性意見，特別是對分散投資風險，有更深層次的分析與評價，以及規避投資風險的具體做法。確實，自從我進入工商界以後，一直致力於確保財物的安全。把企業經營的多元化，當作我們戰略的基本方針。你如今考慮到同樣的企業的安全性問題，也認爲把我們的全部資源集中在一個區域內，會得到更好的結果。

的確，很多人會支持你的看法。因爲，這個辦法比較容易使公司健康成長。但是，關於這個問題，我想陳述幾點我的想法。

企業多元化能夠降低投資風險，就好像「不要把所有的雞蛋放在一個籃子裏」的道理。因爲籃子總會有不安全的時候，如果把雞蛋放在幾個籃子裏，總會有一個雞蛋不被摔壞。這個道理我想你比我更清楚，每當我們的事業出現投資機會時，我馬上會考慮到兩點：一、如果嘗試新的事業，資金的運轉是否充足？二、是否確定有具備相關能力和經驗的人才，來經營這個新事業？（後者，公司應該以人爲中心，而不是以公司爲中心來集合人，這是眞理）。如果能夠肯定的回答這兩個問題，我才會考慮到其他有關販賣、流通、競爭，以及其他普通的問題。

企業經營需要有靈活的腦子，不光是在企業內部管理方面，更應該在企業擴大規模上有所體現。如果新的投資專案和我們目前所經營的企業的業務有許多共同點，我就不認爲那是多大的賭注，那只是企業業務的延伸或縱橫的發展。

多元化經營能夠促進企業的發展和壯大，能爲企業穩健的發展軟著陸，這樣不僅能夠保住企業的財產不受損失，而且還能讓我擁有更多財產，不至於受窮。這就是我主張多元化經營有的原因。因爲，曾經貧窮的人，爲了不再體驗那種窮困的生活，便會自然地守住企業的現狀。特別是在最初的事業中遭受過失敗的人，更希望全力保住自己的第二個事業。其實，我已經花了很多的時間讓事業成長。科學地管理和經營一個公司，一天就只有兩三個小時發揮自己的能力，而我卻有八到十個小時的工作時間。因此，我的工作大部分都在重覆，如果我雇用有才能的人來代替自己，我就能夠發展其他的事業。

前面我講過「不要把所有的雞蛋放在一個籃子裏」。這個道理更能說明企業實行多元化戰略的種種好處。根據我從前的經驗，勝利女神經常從這個公司走到那個公司。如果你擁有好幾家公司，至少你一年會得到一次勝利，到目前爲止，事實證明了我的看法正確。由於獲得勝利的機會大，就是別的公司虧損一點，總體上還是有所剩餘。

如果你打算成爲工商界的不倒翁，請你不要過於盲目自信，特別是不要認爲自己經營任何事業都能夠成功。因爲這是擁有好幾家公司的人遭到失敗的重要原因。我憑自己的年齡和經歷，我敢斷言，你最先應該學習的經營基本原則，就是謙虛、謹愼、善於學習別人的先進管理，把別人的先進的管理經驗，用在自己的企業中，不要盲目地追求某種事業的成功，這樣你才能夠在其他的事業中獲得成功，別無選擇。

想做一個稱職的企業經營管理者，你必須要有應付各種緊急情況的應變能力。還有，你必須對很多不確定因素做出客觀的評估，以便隨時做出應付對策。你的經費被削減的話，你必須快速地做出相應的決策，儘快地解決它。對於我來說，我特別厭惡由於自己管理的疏忽造成企業的損失，你或許會覺得我的想法有一些古怪。但是，在公司經營管理的過程中，公司如果開始有大筆的損失，馬上就會削減所有的經費，那是非常幼稚的做法，事實上，損益表上不能明確地表明盈利的項目，最有可能是被削減經費，甚至遭到刪除。

當然，公司到了削減經費的處境，經營規模肯定被縮小，但是如果你重新再編排一次，去掉公司的包袱，從而就能增強公司的競爭力，因此，只要你有勇氣重新再來一次，就算到了最絕望的時候，也頂多是連你一起拉倒，或是拍賣或是關門。

要培育和經營好一個公司，特別是一個充滿生機活力的公司，必須特別注意資金和人力資源的管理。很多優秀的企業集團，就是因為公司領導太過急於公司的成長，在中途忽視企業的資金和人力資源的管理，它是企業最終垮臺的一個最直接的原因。在這個世界上想要築起有價值的東西，就必須要有堅固的地基，公司的成長也是如此。

管理一個企業當然有一些難度，經營好一個公司更是如此，全心全意地工作，確實能夠促進公司的成長。除非那個公司需要你所有的時間管理才能成長，否則沒有必要那樣做。因為你由此而失去太多成功的機會。因此，你可以換一種思維、換一種角度思考問題，然後再去嘗試其他的事業，相信你會成功。當然，你的成功必須有周全的資金、計畫，否則只能浪費我們的財力。

企業應有一套合理、科學的資金管理體系，才能夠使公司做大做好，否則，公司就非常容易垮掉。這樣的情形在美國的石油工業中屢見不鮮，如此巨大的企業，同樣有可能瀕臨破產的危機，更不用說我們的小企業。不過，解決這種危機的辦法，就是應該時時警惕，加強資金管理，除此以外，別無他法。但是，任何企業不論大小，都不會持續到永遠。因爲，企業經常性的變動，以及配合計畫外的需要和供給的能力，全都要靠經營者的超人智慧，然而具備此條件者卻少之又少。

多元化經營不是盲目的擴大再生產，也不是改變企業的經營理念，而是在企業自己原有的基礎上，科學地、有計劃地擴大公司的業務生產。事實上，很多公司的多元化經營，就是在放下自己的基礎和脫離原來的圈子上，或者就是收購別的公司或原料供應商，生產附加價值更高的同一系列產品。如果我們要生產收音機、鏡框、家具、汽車用品，無疑是一種輕率的行爲。因爲那和我們以前所做的事情完全不同。

確實，一個企業有自己的一套管理理論，如果企業實行多元化經營戰略，還必須遵守一個重要的原則：與其買下一個公司，倒不如買來那個公司的頂尖的企業人才。我曾經在某家公司裏，三年內改換了三名常務。我爲自己的拙見感到頹喪，到了幾乎瘋狂的地步，險些將公司賣掉。最後，我開始嘗試用這種方法（如果一開始用這個方法就好了），就是給予在這個公司中的老職員一個施展才能的機會。如果每個人都說不願在他手下工作，我就任用他，而且結果出奇的好。我的另外一個收穫是，職員的離職率降低了3%。

企業實行多元化戰略，必須根據企業的具體情況再做出這個決策。因此，管好企業不僅是你的義務，更多是你的責任。就像安德魯．卡內基常常說的那句話，「一家人不會三代都穿工作服」。我現在只不過是努力掌舵，不使我這一代回到穿工作服的時代。當我放下手邊的事業時，希望你不要爲了證明卡內基是錯的，而來嘗試你的運氣。我已經指出了一條路，希望你好好掌舵。

你的父親

約翰．皮爾龐特．摩根

28 與銀行愉快地合作

> 你是你自己，應該充分發揮你的能力和人際關係，尤其要運用自身的資本和時間，和銀行建立起密切的關係。我們應該無時不刻牢記在心的對象，就是銀行家。

親愛的小約翰：

我不怪你這次失敗的舉動。我知道你一心一意專注於公司的生意，卻低估了銀行的重要性。這就是你最近努力想爭取銀行貸款、請求銀行融資，卻不能如願以償的眞正原因。也許你很疑惑，其實，這其中自有它的道理。因爲，我覺得你在企業界已經累積了不少經驗，把這次申請貸款的事完全交給你來辦理，相信可以讓你實地學習有關金融方面的許多知識。

和你一樣的企業家非常多，平時總是忘了銀行的好處，一旦貸款申請被拒絕或被撤回時，才想起銀行的種種好處來。企業界的這種情況，實在是讓我感到很奇怪。因爲，他們忘了在工廠、設備、庫存、員工、顧客之外，還有一個我們應該無時不刻牢記在心的對象，就是銀行家。我是白手起家的，而你是在我們和銀行的來往關係確定以後才進入公司的，所以難免漏失了這個學習的機會（幸好一直到現在，我們和銀行的關係還算密切）。

其實，我們在以前的很多次貸款中，從來就沒有被銀行回絕過。也許，你太依賴這份成績，期待銀行同樣在這一次也能會自動地許下承諾，對嗎？如果你眞的這樣想，那麼你的這次貸款註定會失敗。你的心情我能理解，相信你的心情一定很壞，特別是當你的貸款申請遭到拒絕時。你的第一個反應是「我被耍了！」，或是「我眞笨！他們根本不知道我的本意！搞錯了！」，但是，你有沒有想過，銀行家也是人，難免有犯錯的時候。需要提醒你的事，請你不要光顧著發牢騷，請你再看一次你的貸款申請書，再想想你的付出和貸款的理由，就不會以爲他們是有意刁難你了。

也許你認爲銀行家就是那種晴天借傘、雨天收傘的人。當然，你的那種看法自有它的理由，不過銀行家也有其他的想法。爲了避免貸款收不回來，銀行家非常注意選擇它的客戶，常常需要淘汰沒有把握的對象。並不是誰都能輕易獲得銀行的貸款，要想得到貸款，客戶一定得提出某些條件，來證明自己有能力歸還貸款（當然也有些人，只要坐著不動，貸款資金會自動送入口袋）。這是很重要的。

要想得到貸款，貸款申請書是一個很關鍵的一個因素，你不應該忽視你的貸款申請書，由於你的貸款申請書不夠完善，又由於你相當確信如果能收購那家公司，對我們的公司將大有幫助，還有對貸款太過於自信。這都是你失去銀行貸款的原因。與銀行家打交道的目的，同樣也是爲了得到貸款，因此，爲了贏得銀行的同意，當你擬定申請書時，你必須在貸款申請書上，表明你的貸款意圖，一定要「銀行絕對感興趣」。當然，銀行本身自有一定的審核程序，不久你就會明白，他們是眞心誠意地，強行要求你再次檢討這份貸款申請書的。那時候你將會發現，你的申請書只是一味地強調，你需要多少資金以收購某家公司，卻忽略了強調擴大公司的初衷。因此，你最好現在更冷靜、更客觀地分析你的貸款申請書，否則若因爲收購這家公司而犯下大錯，你不僅將失去我們目前順境中應得的利益，而且會沒有資金去購買擴充新專案時必需的設備。

在收購其他公司的時候，你應深思熟慮地執行，不要太過急於擴充公司的規模，也不要盲目地併購。俗話說，欲速則不達。你收購公司的意願，就好像對某位可愛的小姐發生興趣一樣。即使她從頭到腳都讓你滿意，如果思想不合，當然你不會對她那麼感興趣，公司也是一樣。你最初沒有注意的地方，和你一目了然的地方，都應該受到相同程度的考慮。別忘了看就中意的，並不一定該買。

銀行經理調查過你想要收購的公司，他認爲你是要用他的錢來買下收購公司的債權，因此，他對此感到十分不滿。對於銀行家來說，他非常在意庫存的商品以及資金的周轉率，貸款到期時，你有能力還債更是他考慮的重要因素。

另外一個讓銀行經理拒絕的重要原因就是，由計畫書中你收購的價格來看，你本身的資金相當有限，若要讓他睡得安穩，對於這份共同投資的事業，你起碼要負擔20%～30%的危險資本。如此一來，他就沒有必要擔心自己的資金付諸東流了。而且，若能確定自己的投資沒有風險，你本人也會更輕鬆的，對吧？

銀行家有他們的投資方法，如果你想要得到投資的貸款，那麼你必須擬出你的可行的專案計畫書。或許你的想法和我完全相同，但具體行動起來就難說了。因此，你應該充分發揮你的能力和人際關係，尤其要運用自身的資本和時間，和銀行建立起密切關係。這樣才能夠與銀行家愉快地合作。

與銀行家打交道，不是一朝一夕就能夠相處得很融洽的，起初時，可以請有關的銀行經理吃頓午餐。據我所知，你從來沒有這麼做過。不過，你應該改變過去那種與人打交道的方法。確實，和人交談時，與其隔著又冷又硬的辦公桌相對，倒不如利用愉快的午餐時間，讓彼此更輕鬆一些。如果他拒絕，你更要再接再厲地邀請他。直到他答應赴約爲此。這個時候，他不僅會感謝你的午餐，對於你的請求也會更加注意。如果你一年裏和他共進午餐一、兩次，在你提出貸款要求之前，先報告你的事業計畫，將更能增進彼此的溝通（但是，你切不可抱太大希望，因爲和你一樣想獲得貸款的人，有90％都將採取同樣的行動）。

與銀行家談貸款，當然要有技巧。在飯後吃點心的時候，你不妨明確地告訴他，你打算貸多少貸款的想法。這時，銀行經理就會圓滑地斟酌你的說明，有時還會讓你死心地放棄貸款。因爲最近幾筆相同的交易，讓他失眠了好幾天。所以，你必須抓緊時間表明你的還債能力。在這個緊要的時刻，時間是個問題，申請貸款的時機也非常重要，你必須抓住這個機會。比如，不妨偶爾請銀行副理吃頓午餐，聯絡一下感情，他最瞭解上司的工作情況，所以什麼時候最適合請經理吃飯，他將給你很好的建議。這些說不定對於你的計畫會大有幫助。

無論如何，天下沒有白吃的宴席。「吃人嘴軟」也就是這個道理。他們會審查你的計畫，當你被拒絕的時候，或許正是他挽救了你將要犯下大錯的時候，計畫案的審查是他們日常的工作，對你我卻是一年僅此一次。投機專案的貸款申請不被接受，或許令人苦惱，但是，買進無可救藥的企業，事後再後悔擔心，不是更糟糕嗎？所以，好好聽取銀行家給你的忠告吧！然後，再試試看。

在收購公司，最好與你打算收購的公司的所有權人詳細地談談，對於有關債權和庫存商品過多的問題，再多加討論。價格調整對你收購公司有所收益。另外，不妨提出條件，讓對方留下債權，我們只買六個月內生產的庫存商品。

你的父親

約翰・皮爾龐特・摩根

29 守法經營

最難戰勝的，就是恐懼心理。不要畏懼政府，政府是為了幫助我們的事業才存在的，它應該對我們有實質的幫助才對。我們選舉出賢能者，是讓他們做我們的喉舌。

親愛的小約翰：

在我們這個極具民主和法制的國家，守法是經營的重要因素，也是企業生存和發展的前提條件。從最近的公司安全檢查一事來看，你的擔心、你的態度，明確顯示出你令人滿意的優點——那就是守法的精神。這一點我感到十分欣慰。

當然，我也希望你能夠守法經營，不過，由於年紀的增長，我終於明白法律的條文和它的解釋是個別獨立的，你必須靈活地運用法律，以及如何給公司帶來利益，這才是經營管理者守法經營的精髓。很抱歉，你和檢查人員抗辯，好言陳述我們的立場，儘管你的說明十分詳盡，證據也很確鑿，但是對方並沒有改變想法。我也只能如你所說的那樣，認爲檢察官的觀察和判斷有一部分錯了，但是，你還是失敗者，因此，你必須靈活地運用法律條文，來維護公司的利益。

確實，讓檢察官相信你的陳述，當然是很有難度的，你如果遇到這種情形，最初應該採取的對策是，再一次重新設想並調查實際的情況，再一次確認我們的想法是否正確。如果信心仍不動搖，那麼我們就有相當確切的反擊證據，接下來就可以考慮把對檢查人員的不滿、我們的不服，向他的監督機關投訴。

我知道你對我們採取的這些行動，感到十分不安，但是，我認爲這是一件好事情。其實，我非常理解你的心情，你是擔心因此而招致檢查人員的反感，結果逼他擺出強硬姿態！但是，不管是聯邦政府也好，地方政府也罷，我們對於「公僕」應該有一個正確的認識，那就是他們基本上是正直的，絕無惡意，他們不會故意找老百姓的麻煩。像你一樣，有非常多的企業家，不敢把自己的不滿向上級行政機關反映，我覺得非常驚訝。大體而言，一個組織愈往上，愈會遇到有智慧、有見識的人。然而，大多數的經營者只是一味地想避免對立，對於檢查人員的結果報告是否絕對眞實，他們總是半信半疑地接受，以爲這樣就萬無一失，事實上並不是那麼回事。下面是我個人的一些經驗，可以供你參考。

我最大的一次勝利，是和稅務監察員之間，我們為了包裝材料的課稅問題，所引起的一場鬥爭。根據他的檢查報告，我們必須繳納拖欠的十萬美元，以及每年再繳納七千五百美元。對於這一不公平的裁決，我們計畫從兩方面展開反擊。首先，依照相關法律採取不服申告，同時拜訪當地的國會議員，告訴他們因為監察人員的愚昧決定，我們將受到多大的損失。這樣，事情就和政治搭上了關係。由於這位當地選出的議員（屬執政黨），在政府裏面擁有相當的權力，因此，政治方面的壓力格外大。我們接著聘請國內頂尖的會計事務所出面，顯示我們有充足的證據應付第二次調查，準備花一萬美元的訴訟費。這是過去五十年來，類似訴訟案件給予我們的常識。

這時候，政府左右為難了，一方是民意代表和法律專家，另一方是國稅局的官員，最後的結果是根據再檢查，決定課稅一千六百零三美元。比起原來的十萬美金拖欠稅和每年七千五百美元的課稅相比，簡直是小巫見大巫。

其實，和人們一般的觀念恰好相反，政府也是通情理的。而且靠政治家的努力，就能伸張我們的主張，根本沒必要牽扯法律顧問。不過話說回來，這次勝利，政府會讓步，到底是因為我們有充分出庭的準備？還是因為只是監察人員誤解了規則呢？真正的原因，我也不知道。

雖然我們損失了一萬美金的訴訟費，但是，萬全的準備正是致勝的關鍵，為了贏得成功，我們必須利用所有可供利用的資料。

另外還有許多有輸有贏的事情，所得稅、販賣稅、食品、藥物檢查人員、動物檢查員，一些讓人想都想不到的問題。但是，根據我的經驗，如果你能夠耐心、詳盡地分析實際情況，只要判斷自己是對的，就儘管向最上層機關提出控訴。如此一來，你終必獲勝。

如果你在經營中與檢查者的看法不同，只要你是守法經營，你完全可以揚棄人們世俗的觀念，和檢查者的理論，最好是拿出你的證據向上一級申訴。如果他們不稱職，那麼我們可以狀告政府不作爲。因爲政府的公務員是人民的「公僕」，他們的薪水是我們納稅人納的稅，所以，他們必須爲人民做事。於是，你就不必擔心有誰會對你的行動進行報復。假如某位檢查人員讓你感覺他不懷好意，不妨給他的監督打個電話，要求派其他檢查人員來，只要你有理由，對方大都會答應的。就算被拒絕也沒關係，因爲政府當局每一次都派不同的檢查人員。

正義就是力量，只要你以守法經營爲前提，你在不同的場合必須展示不同的力量，這樣我們一定能夠說服政府檢察官，因此，你應該立即採取行動了。只要認爲自己一定能獲勝，就會成功，但是，不戰絕不會勝利。

利潤與效率是公司經營管理中的兩個重要因素，它是關係到企業生存和發展的前提條件，因此，我們在管理我們的公司時，除了先進的管理和良好的企業文化，與政府處理好關係也是很重要的一點，我們客觀地評價政府對我們的支援，不要畏懼政府。正如弗蘭西斯・培根曾經說過：「最難戰勝的，就是恐懼心理。」不要畏懼政府，政府是爲了幫助我們的事業才存在的，它應該對我們有實質的幫助才對。我們選舉出賢能者，讓他們做我們的喉舌。錯了要勇於承認，如果堅信自己是對的，就要貫徹到底。

你的父親

約翰・皮爾龐特・摩根

30 掌握用人之道

任何事業成功的保障，首先是為之奮鬥的人必須懷有必勝的信念。每個管理者必須使其下屬，對從事該項工作的能力毫不懷疑，但是並不是所有的人都具有這種非常寶貴的自信心。

親愛的小約翰：

管理是藝術，管理人則是藝術的藝術，管理藝術的要旨之一，就是理順複雜的人事關係。如果說管理是一門藝術的話，那麼用人則是這門藝術中最爲複雜的部分，但同時也是企業家能夠充分施展才幹的領域。由此可以看出，調動人的積極性是一件非常複雜的工作，因爲企業的發展是靠集體的勞動，也就是發揮團隊的工作能力。你必須知道，使一個企業蓬勃發展，其關鍵是如何用人、如何發揮員工的主觀能動性。

要想掌握高超的用人之道，首先要做到知人善任。對於一個企業，在培養人才、使用人才時，必須重視人的道德品質，一旦人事任用不當，就會影響公司的經營。特別是像我們這樣的大企業，每個人的任用都會影響企業的業績。所以，你在人員的任用上千萬不能感情用事，憑個人的好惡。

對員工，特別是領導層，你要作一定的瞭解。也就是對人的考察、識別、選擇、任用，把人根據其自身的特點，用到適合他自己的崗位上，也就是使用得當。知人善任，就是要認眞地考察各層領導者、確切地瞭解他們，把每個領導者都安排在適當的崗位上，充分地讓他們發揮自己的特長、施展才幹。這是企業家的根本任務之一。

企業好比一部機器，有了先進的設計、合理的結構和科學易行的操作規程，還必須有高質量的操作人員。通常說，路線確定之後，各層領導者就成了決定因素，就是這個意思。

重要骨幹的選用是否得當，是企業經營好壞和能否取得成就的重要保證，所以你有必要花40%或更多的時間，用在選人用人的各種工作上，這個問題是非常重要的。

你要捨得花時間認眞考察。對於員工，尤其是對於各層領導者的考察、挑選要嚴格執行的。我們的一個競爭對手，爲了選擇一名工廠主任，工廠的領導者先後和二十多名大學畢業的候選人談話，反覆考察、測評、比較，選定以後，又分配去科技、供銷科以及第一線試用，再進一步觀察，認為合格後，才最後聘任。可見他們考察、選定一個人是十分下功夫的。這是很值得你學習和借鑒的地方。

在我們的企業裏，就具體某個人來看，德才的發展可能會出現不平衡。有些人德行比較好，才能差些；有些人雖然有才，但德行卻稍遜一籌。德才相比，一般更應注意德，因為一個人的品質不好，不容易培養和改變，但才能卻可以逐步進步。很多工作都不是很難，只要能激發他的工作熱情，就會有好的成績。但品質不好卻不然，有時候還會造成破壞。

人的品德與正直，其本身並不一定能成什麼事，但是一個人在品德與正直方面如果有缺點，則足以敗事。所以人在這一方面的缺點，不能僅視為績效的限制而已，有這種缺點的人，應該沒有資格做管理者。我認為，選人應以「德」為首，這是基本要求。

對你的員工，你一定要心底坦蕩、眼光寬廣。不能一隻眼睛看人，更不能帶著有色眼鏡看人。你要從多管道、多層次、多視角地瞭解和考察人才。要提防那些善於恭維自己、奉承自己、拍自己馬屁的人，正是這些人最容易把事情弄壞；那些能夠經常指出並批評自己缺點及錯誤的人，都是對於事情最有幫助的人、最可寶貴的人。

一個進取心強、敢冒風險、敢走前人沒有走過的路的人，處理事情難免有不周不細的毛病；一個有魄力、有才幹，不怕習慣勢力、敢於打破陳規陋俗的人，難免有時顯得驕傲自大、目中無人；一個有毅力、有倔勁，不達目的誓不甘休的人，難免有時主觀、武斷，等等。一個企業家如僅能見人之短而不能知人之長，就易刻意挑人之短而無法看其所長，這樣的經營本身就是一位弱者，也不是一個英明而又正直的企業家，對自己的下屬所應持有的態度。

作爲企業家，必須看主流，絕不要輕信閒言碎語。否則，許多有眞才實學、有組織能力、有創業大志、能爲企業出大力的人才，就難以發揮他們的才能了。

在任人之前，你首先應根據所需完成的任務的性質、責任、許可權，以及去完成這項任務的人員所必須具備的基本條件等因素，認眞加以分析，提出明確的要求；然後根據下屬的特點和長處，分別加以任用。應該從事業的全局出發，充分考慮人才的具體特點，把他放到合適的崗位上。假如不把各人的才能，用到最能發揮其作用的地方去，那對人才是一個壓制，對事業是一種極大的浪費。

每個人的長處和才能各屬特定類型，有的擅長分析，有的擅長綜合，有的擅長技術，有的擅長管理、有的精通財務，有的善於交際。特定類型的才能應與特定的工作性質相適應。工作對人的要求不同，才能與職務應該相稱。給予他的職務，應最能刺激他發揮自己的優勢，既不勉爲其難，也不無可事事。揚其所能，其工作自然積極，管理效能也必然提高。

不同工作職位有不同要求，不同的人才適合從事不同的工作。有的人既能統觀全局，又善於協調指揮，善於識人用人，組織才幹出眾，雄才大略，那他就是一個帥才。

每個員工都有一定的自信心和自尊心，有成就感和榮譽感，有透過自己的努力去完成某項工作或某種事業的心情和願望。因此，你應該充分信任他們，授權之後，就放手讓他們在職權範圍內，獨立地處理問題，使他們有職有權，創造性地做好工作。對他們的工作，除了進行一些必要的領導和檢查，不要去指手劃腳，隨意干涉。無數事實證明，這是一項用人要訣和領導藝術。

信任人、尊重人，可以給人以巨大的精神鼓舞，激發其事業心和責任感，而且只有上級信任下級，下級才會信任上級，並產生一種向心力，使領導者和被領導者和諧一致地工作。相反的，當一個人的自尊心受到傷害時，他就會本能地產生一種離心力和強烈的情緒衝動，影響工作和同事關係。

你如果不相信下級，那麼就很難授權於下級，即使授了權，也形同虛設。有的領導一方面授權於下級，一方面又不放心，一怕他不能勝任，二怕他以後犯錯誤，對有才幹的人還怕他不服管，具體表現爲越俎代庖，包辦了下級的工作；越權指揮，給中層領導造成被動，不懂某方面的專業知識，卻干涉下級的具體業務，甚至聽信饞言，公開懷疑下級等等，這樣就會挫傷下級的積極性，不利於下級進行創造性的工作。

你要想充分發揮下級工作的積極性和創造性，一方面要放權，使下級在一定範圍內能自主決斷。另一方面要設身處地爲下屬著想，勇於承擔下屬工作中的失誤，不能出了成績是領導有方，有了過失即下屬無能，要言而有信，不能出爾反爾，言行不一，否則下屬就會對領導失去信任，領導也會因此而喪失威信。

對下屬的功過，一定要賞罰分明。只有這樣，才能激勵先進，鞭策後進。你要「鼓勵競爭」，不能大家一視同仁、相安無事。一旦有人做出了貢獻，不但不賞，還有非議，就會使眞正的人才無法脫穎而出。所以你不僅自己不能嫉賢妒能，而且要消除下級嫉賢妒能的不良心理。要鼓勵競爭，爲用人所長創造良好的環境。

培養教育各層領導者，也是經營中的重要方面，對各層領導者只使用，不培養，是領導者缺乏戰略眼光的表現，也是領導者的失職。

培養和提高各層領導者，要根據實際和可能，通過多渠道、多種形式進行。工作實踐也是一種培養教育的方式。給下級壓一定的擔子，使他們得到鍛煉，從而提高工作的能力和效率，這是一種常用的培養方法。在出人才的工作單位，往往工作多而人手少，這樣，每個人的負荷就加大了，每個人幹著稍稍超過自己能力的工作，這就形成了一種必須自己去接受鍛煉、克服困難的環境。

你要有這樣一條準則：不論採取什麼方法，都必須以調動人的積極性爲目的，爲了調運人的積極性，則可以採取任何手段。不能僅按照事業的需要，設置那種所謂合情的、但沒有一個人能夠勝任的職位，否則得到這類職位的下屬，將埋怨他的上級「有意與我過意不去」，也就談不上積極性，更無法達到預期的目的。

當職位設置合理的時侯，當被管理者認爲自己完全可以勝任這項工作的時候，才可能產生一定的積極性。你如果一旦確信自己已經把最合適的人選，安排在合理的位置上之後，就應該授予他有關的權力，充分發揮他的主動性和創造性。這樣才能使他以極大的熱情，做好你希望他做的事情。

如果對他干涉過多，禁錮手腳，他就會逐漸失去積極性，也就無法發揮自己的才智。在某種意義上可以說，權力下放是最有效的調動積極性的方式之一。

當然，授權並不像人們習慣中想像的那樣，一旦交出權柄就無法更改。但是只要沒有發現這種情況，你就應該盡力支持這個下屬的工作，同意他提出的設想和計畫，而不是經常去關照他：「這件事應該如何去做」。要知道，很可能他的想法要比你高明，這樣說絲毫沒有貶低你的意思，因爲他是你發現並予以重用的。

任何事業成功的保障，首先是爲之奮鬥的人必須懷有必勝的信念。每個管理者必須使其下屬對自己從事該項工作的能力毫不懷疑，這一點至關重要，因爲並不是所有的人都具有這種非常寶貴的自信心。成功的管理者總是千方百計地讓他的下屬相信，以你的才能，出色地完成該任務是綽綽有餘的。

另外，要求一個下屬做好一件工作，必須給他一個實實在在的目標，這個目標是他確實可以完成，而不是那種一聽說就會搖頭、懷疑自己是否有能力做、很有可能被嚇回去的工作，那樣將無積極性可言。但也絕對不能排除某種帶有一定困難的宏偉目標，因爲這種目標具有強烈的吸引力，可以引起他極大的熱情和戰勝困難的鬥志，這就能夠調動起他的積極性。

不論哪一類目標：具體的、籠統的、現實的、還是宏偉的，首先都必須是明確的。籠統並不是含含糊糊，宏偉的也須是具體的。含混不清的目標，會使下屬在關鍵時刻無所適從，這樣的管理是必定要失敗的。

宏偉的目標具有極大的鼓動性，可以以生動、有力的口號表達，因爲生動的口號往往能夠有效地激勵人們的鬥志。

口號的作用，就是要造成一種氣氛，使得生活於其中的人，隨時準備或正在以滿腔的熱情投入工作，對於企業家來講，不也是如此嗎？

你的父親
約翰・皮爾龐特・摩根

31 找到人生的真意

面對人生的挑戰時，有選擇的自由。承擔一件困難的任務時，可以拒不接受，但也可以說服自己，「縱然是困難的事，我也要接受，並且一旦接受了，我就要把它做得盡善盡美」。

親愛的小約翰：

幸福是什麼？你提出的這個問題，我花了一輩子的時間都沒有找到答案。對於這個問題，我想每個人都有不同的看法。佛洛依德說：「幸福由快樂構成。」阿朵拉說：「幸福來自權力的追求。」對幸福這個問題，威克達．法蘭克爾闡釋地更加準確，特別是他曾寫了一本關於精神醫學的書，這本書給我很大的啓示，也造成了很大的影響。他在這本書中爲幸福下了一個全新的定義。確實，上述兩位專家的論點和法蘭克爾博士的理論相較，它的說服力自然就顯得蒼白無力了。關於這點，我在後面會詳細說明。

弗蘭西斯．培根曾說：「人的命運，操縱在自己的手裏。」一個人的成功與否，與他的信念和人格塑造有關，如果你要成爲成功者，那麼你必須有一個健全的人格，以及健康的積極的心態。在這裏，我順便給你介紹一下成爲大人物需要什麼條件。首先，大人物必須有他獨特的想法和特質，正是因爲人與人之間存在著這些不同的特點，所以世界上的人才各不相同。我們要充分瞭解自己的性格和能力，才能完全發揮出自己的專長，達成目標。此外，大人物還須不恥下問、多請教別人的擅長，多和別人研究商討。只有這樣，你自己才能塑造出適合你自己扮演的成功者角色。所以，你要走的道路、要完成的事業，只能依靠你自己，別人對你所能造成的影響非常有限。

當然，每一個人對幸福的理解有不同的想法，這是很正常的事。就好像一個人面對困難也能泰然處之一樣，這其中的道理，我想與每個人的心態以及個人心理的塑造，有很大的關係。自由對一個人心理的發展，具有很大的影響。當我們在接受命令的時候，有拒絕的自由；面對人生的挑戰時，也有選擇的自由。當你承擔一件困難的任務時，你可以大發牢騷，甚至拒不接受。但是，你也可以說服自己，「縱然是困難的事，我也要接受，並且一旦接受了，我就要把它做得盡善盡美」。如果你抱著這種信念，那麼任何事情做起來就會順利得多，然後還可以享受完成任務時的成就感。面臨挑戰時，你有選擇本身態度的自由。如果你的選擇十分明智，那麼你成功的機率就會很大。

戰勝困難，除了具備面對困難的勇氣、積極健康的人生價值觀，良好的心理素質也是很重要的。個人心理的塑造，以坦然地面對困難，同時還能夠讓你明白更多的人生哲理。確實，你的心若能穩健地成長，你就會體驗到人生應有的責任感，成功自然也隨之而來。關於責任的解釋，法蘭克爾最具代表性，即是「人存在的基礎」。其實，責任更能夠激發認眞的激情，更能夠發揮個人的創造力。根據我的觀察，責任心愈強的人，生活愈充實。有些人在面對挑戰時，畏縮不前，因爲他們害怕嘗試失敗的苦果。人應該坦然面對成功與失敗，必須有一個健康的心態和積極向上的人生價值觀，只有這樣，你成功的機會將會更多一些。在這裏，我想提醒那些跌倒了再爬起來的人，勝過那些因爲害怕跌倒而不敢向前邁步的人。因爲，人生本來就是由一連串的「跌倒」與「爬起」構成的，如果你一味逃避，只會離成功越來越遠。

不向困難低頭是成爲偉人的一個決定性條件，證明這一點並不難，因爲，我們可以從偉人傳記中清楚地發現，那些偉人絕不會向惡劣的環境低頭。他們胸中自有一個導引自己的羅盤，在面臨抉擇的時候，責任感往往就是幫助他們決定方向的指標。每次我讀到他們如何披荊斬棘、越過重重難關的經歷，都會爲他們不屈不撓的精神，感到由衷的贊佩。「達到偉大這座高峰，需要經歷許多艱難險阻」，這是塞尼卡說過的話。這條艱險的道路，至今仍然沒有改變。當你站在人生的崎嶇路上時，一定要有勇往直前的決心，才能邁向成功。

戰勝困難不僅能夠證明自己的能力，而且還能領會許多人生的眞諦。這就是許多現代的年輕人到現在還無法明白人生價值的眞正原因。另外，他們缺乏目標，也沒有眞正的奮鬥目標，因此，就無法體會出個人成功的喜悅。於是，他們的才能也就失去了發揮的可能。也許有一天，當他們面對鏡子時，會說出菲特烈．赫貝爾曾經說過的話：「現實生活中的我，似乎再也不可能成爲鏡中完美的我。」

由於現代生活水平的提高，吃苦的人也越來越少，這就造成現代人好逸惡勞、滿腹牢騷的一個原因。這種不好的現象，並不是近代才發生的。在古代的羅馬就曾經發生過。當然，吃苦與生活水平的提高並不矛盾，因爲如何面對困難以及如何解決困難，是個人的事情，害怕吃苦並不是生活水準提高的一個可以讓人信服的原因，而是大眾對自己在心性的教化、對事實的領悟，以及發揮自由的意思去選擇和承擔責任等方面，沒有徹底實施的緣故。如果當這些事情都成爲生活的一部分時，才能體會到人生的價值和存在的意義。

在進化的過程中，人類主要是靠戰勝困難而贏得生存的。但是，現代的人們卻沒有了古人戰勝困難的激情，他們中的大多數人，並不是全部都能夠爲了生存而勇敢戰鬥的，都是採取妥協、逃避的姿態。他們把自己藏身在社會福利制度、教會、朋友的庇護下，或是藉毒品、酒精來麻痹自己。像這樣的心態去面對困難，往往只能束手無策，根本就沒有一點能力去戰勝困難，更不要提什麼挫折了；又由於他們缺乏成功和失敗的經歷，所以連克服困難的勇氣也無從培養起。

我在前面講過，人的命運掌握在自己手裏，換句話說，解除困難的決心操縱在自己手裏，全憑自己自由選擇，無論人們承認與否，事實都是如此，想要戰勝困難，只有這樣，別無選擇。

還有一類非常可悲的人，他們爲了滿足現實生活中無法達成的目標，沉溺在虛構的小說中，成天胡思亂想、不求實際。確實，要禁得起考驗，以大無畏的精神面對挑戰，拍著胸脯對自己說：「大丈夫當如是！」這樣才是一條非常明智的道路。法蘭克爾博士的著作《醫師和心志》一書中，對於這些事情有更明確的說明。他爲幸福所下的定義是成就感，你如果仔細推敲，一定會贊同這種說法。

世界上沒有不勞而獲的事情，至於你生而具備的健康的身體以及幸福的家庭，那是另一回事。幸福絕不可能從天而降，幸福也不會因物質而產生。正如法蘭克爾博士所言，要享受幸福，就必須訂定目標。小至打掃庭院這樣的事，也要盡力做好。幸福可以來自任何地方：比如學習騎車、在校成績優良、和朋友相處愉快、駕駛私人轎車等，如果把它們做好，就能獲致幸福的感覺。

確實，幸福的生活大多來源於成就感。因為只有實現了許多偉大的目標，你才能感覺到自豪。比如，你的祖父每天都訂定生活計畫，並且努力實施，完成每天的工作。因此，他始終都過著很有成就感的生活。在他八十歲的生日時，我問起他的健康狀況，他說：要每天早上一睜開眼睛，有一些事情等著他去完成的話，他就會過得健康快樂（這就是他的人生目標）。自從他邁向八十五歲，需要他做的事急遽減少，所以他的身體狀況也大不如前了。

戰勝困難，實現自己制定的目標，這樣的人生就會更有意義。高質量的生活工作能夠提高生活品質，進而使人生充滿意義。確實，在人生的旅途中，不如意之事十之八九。因此，當你遇到了挫折，也要勇往直前、不畏難險。惟有如此，你才能深刻地體驗人生的意義，品嘗幸福的果實。

幸福對每一個人來說，都有不同的理解，對我而言，幸福是在你完成一件工作時同步到來。為了完成工作，你必須以責任為前提，用這個來選擇你工作的態度，然後要有不屈不撓的精神。

人生的價值不在於時間的長短，而在於你所完成的事業。有的人活了將近一個世紀，到頭來仍是一場空。幸福並非來自生命的過程，而是來自你對生活所抱持的態度。

你的父親

約翰・皮爾龐特・摩根

32 全看你的了

盡可能在自己四周安置一些優秀的人才，使那些擁有卓越的才能、豐富的經驗的人，能夠指導你度過各種難關。而如何運用這個無價的支援團，就全看你的了。

親愛的小約翰：

謝謝你能在這個時候留我，但是，很遺憾地告訴你，我也該退休了。至於如何管理一個企業，該是施展你的才能的時候了。我知道你留我完全是爲我著想，所以，我以後會以職員的身份留在公司，表面上仍然參加公司的管理。誰都有自尊心，我也絕不例外，你的要求我很高興，但是，不僅對將來而言，即目前我所能看到的健全、明智、長期的計畫來說，你的要求絕對不是一個好主意。

可能對你來說，讓你完全來管理這個公司，責任是比較大的，因爲如何使公司繼續發展這個問題，會讓許多人大傷腦筋。對於家族企業興起、繁榮的人們來說，同樣也是如此，他們一直都在努力地處理許多事情，特別是有利於公司的發展和壯大，否則我們的企業也不會有今天這樣蒸蒸日上的好成績。

在家族企業中，有的企業由於他們的某些愚笨的決策，結果卻把企業趕進西伯利亞的不毛之地，這種情形其實不足爲怪，通常他們常犯了如下兩個使企業致命的錯誤。

他們所犯的第一個錯誤：他們總是自以爲是，有點老子天下第一的味道，或者就是好高騖遠，總以爲自己的企業能夠長生不死。最悲慘的情況無疑是蹣跚地拄著拐杖，連今天是星期幾都不知道，卻還自以爲是最有才能的負責人。

當然，也正由於他們這份頑固及強韌，才能度過艱難，以致於建立起今天的事業，但是現在這種個性卻妨礙了公司的生存，我可不希望我的墓碑上刻著有這種銘文。

第二個常犯的錯誤：家族企業的創始人一直把持放在手中的權利，他們擔心繼承人的管理能力，因此，手中的權利一直放不了手，繼承人也永遠無法接掌公司。繼承人所下的決定，他總要插上一、兩句，原來是一個很好的計畫，卻讓他攪和得一塌糊塗，所謂「人多口雜」，兩個人不可能有相同的思想，一旦兩人爭奪領導權，結果是慘不忍睹。

其實，很多家族企業確實選出了很有才能的繼承人，只是沒有給他發揮所長的機會，最終導致無數的家族企業面臨窘境，有的完全敗落，有的則在第一代時就被拍賣。很多創始人眼看著自己一個人建立起屬於自己的企業王國，由於管理和經營的原因，又看著他的企業陪著他一起消逝，這確實是令人痛心的事！

我現在放權給你，讓你管理我們的企業，目的是避免我們重蹈覆轍他們的老路，同時也是爲了使我們的企業，能在國際經濟界生存，否則我們的企業將會被外國的先進公司所吞沒，或者經營管理不善而破產。因此，必須將我們艱辛建立起來的基業留給下一代，接著是第三代、第四代……。

在企業的管理中，資本的管理決定著企業規模的發展，同時，資本的累積也是企業參與市場競爭的一個最主要的課題，因此，爲了讓企業維持穩定的發展，成爲全國性的大企業，資本管理必須提上一個新的臺階。只有這樣，我們的企業才能成爲全國性的民營大企業，才是我們企業發展的基礎。

關於我退休的問題，主要是爲了我們企業的前途考慮，因爲企業的發展，必須靠先進的管理以及創新來實現，只有這樣，才能夠更穩定地推動企業的發展和壯大。你是我企業的繼承人，雖然多少得到親友的扶持，但是這個地位幾乎是全靠你自己的努力爭取來的。我不打算對你的工作再多嘴（我也不希望這種記載出現在我的墓碑上，隨著退休的日子愈來愈近，我更是在乎這點），你在每一方面都是第一號人物，現在該是你多年努力後，收穫成果的日子。這些年來，我是多麼費心地讓你能獨立自主，現在它已經成爲你個性的一部分，牢牢地生根了，我如果再在你身旁催促、擔憂，你也就沒有機會施展所長了。

在我退休的時候，我已經給你安置了一些優秀的金融、法律及財政的專門人才在你的身邊。當你陷入困境的時候，他們在每個領域，以收費的方式給你提供建設性的意見；當你需要他們，或者做出成績時，他們對你伸出援助的手，爲你的幸福表示特別的關心，他們並不是爲了確保收入，而是爲公司的成長獻出私人的關心，因此，你必須協調好他們與你的關係，因爲他們關係著公司的發展方向。

如果你眞的在乎他們和幾位外援董事，他們將成爲你的保護者、守護天使，甚至監護人。我知道只要你能調動他們的積極性，儘管在極壞的情況下，憑藉他們卓越的才能、豐富的經驗，一定能夠指導你度過種種難關，而如何運用這個無價的支援團，就全看你的了。如果得不到他們的幫助，不必去問水晶球，我就能鄭重警告你：小心財務方面的損失！而且說不定比我所預料的還要慘重。

我之所以要將領導權交付給你，理由其實很簡單：不久之後的某個早晨，你醒來後發現我己長眠不起。從那一天起，你不僅必須照顧家庭，也得立刻挑起公司的重擔。因此，現在你必須有心理準備，承擔來自各方面的壓力。比如，在最初的一年，公司會面臨危機，每個人都會猜想：「大老闆死了，公司會變得如何呢？」而來往的銀行、客戶、職員、你的朋友，甚至於敵人，都會擦亮眼睛盯著你。我們的公司結合了各種利害關係，銀行擔心他們的貸款，職員關心他們的工作，客戶重視商品及服務的品質，在這個節骨眼，你只要輕聲地打個嗝，重要的幹部就會開始另謀新職，銀行則會變得非常神經質，他們雖然不會因我的死亡而收回貸款，卻有可能降低貸款的額度。

在經營管理中，千萬不要盲目自信，但是，該自信的時候，一定要巧妙地、恰當地體現出你的自信，讓客戶以及競爭對手摸不透你的經營策略。比如，在我死後，如果你能向每個人說下面的話，我將感到輕鬆許多：「父親的離開，是我個人最悲哀的事（你會這麼說吧），但是對事業卻沒有任何影響，父親在這十年來，一直很少過問這份事業（如果我夠幸運，或許你能說近二十年來），管理公司的是我，當各位聽到家父逝世的消息時，一定也覺得放下一顆心了。」

至於如何管理我們的公司，我已經講了很多，我只是希望你能夠靠自己的幽默和勤奮來經營公司，讓它更茁壯。我們以後還會有私下交談的機會，話題大概都是宗教、政治等方面的問題，關於你的經營方針，我是絕對不打算談它，另外，在今後的社交場合上，我總會碰到認識你的朋友，他們一定會詳細地告訴我有關你的工作情況，已經有許多親戚朋友說過：「你很像你父親！」或許有一天，他們會引用艾德蒙．巴克的話：「不僅是像父親，簡直是一模一樣！」我不知道你聽了會有何感受，但我可一定會樂壞了。

爲什麼爸爸要把奮鬥多年的事業放手呢？第一個原因，你的母親在這二十年來，只享受過兩次長假，而我正打算改寫這個紀錄！

第二個原因，那個差不多快要被遺忘的花圃，需要我更多的照料，一個園藝家也得經常表現一下他不凡的眼光！

第三個原因，北邊的湖裏好多魚游來游去，還等我去把它們釣上來，天上則有好幾隻雷鳥，正盤旋著尋找合適的鍋子！

感到慶幸的是，我的旅行生涯還未結束，這個美麗的國家正等著我去一睹風采，別擔心！我會帶一位副駕駛一起去，不過這位副手爲了不希望失去客戶，只好讓位給我了。

最後，還有五十二本我一直想看，卻沒有挪出時間來看的書，這還不包括一套十冊的《文明的故事》。我一定要利用閒暇，把它們全部讀完，以前沒有研究過的有關歷史及哲學的重要問題，希望現在開始還不算太遲。

如此一來，我就能夠好好享受人生了。還有一件事，希望是最後要說的話了，以前已說了好多，也記不清這該是第幾條格言了：

就像遵守宴會禮節一樣，可別忘了也要遵守人生的禮節。當佳餚傳到你面前時，伸出手，等待它的到來。佳餚如此，對於孩子、妻子、地位、財富也是一樣。

寫下這些話的是艾皮梯多斯，他是西元一二〇年左右的人。或許他七十年的生涯，都花在做學問和教育上，而七十年的歲月，他以幾句話就表達了完美的人生，怎能不令人深思呢？

我不相信靈魂轉世，不過如果到時候讓我眞有那回事，我會要求把我送回來做你的小約翰，有你這種父親，一定會有精彩的人生（可以在我的墓碑上刻下這件事）。

給你全部的愛！

你的父親

約翰・皮爾龐特・摩根

國家圖書館出版品預行編目資料

樂觀創新：創造財富靠自己／徐世明著. -- 1 版. --
新北市：華夏出版有限公司, 2023.02
面；　公分. --（Sunny 文庫；277）
ISBN 978-626-7134-66-5（平裝）
1.CST：企業管理　2.CST：成功法

494.35　　111017550

Sunny 文庫 277
樂觀創新：創造財富靠自己

著　作　徐世明
印　刷　百通科技股份有限公司
電話：02-86926066　傳真：02-86926016
出　版　華夏出版有限公司
220 新北市板橋區縣民大道 3 段 93 巷 30 弄 25 號 1 樓
電話：02-32343788　傳真：02-22234544
E-mail：pftwsdom@ms7.hinet.net
總 經 銷　貿騰發賣股份有限公司
新北市 235 中和區立德街 136 號 6 樓
電話：02-82275988　傳真：02-82275989
網址：www.namode.com
版　次　2023 年 2 月 1 版
特　價　新台幣 320 元（缺頁或破損的書，請寄回更換）

ISBN：978-626-7134-66-5